高等职业教育系列教材

COMPUTER TECHNOLOGY

工业机器视觉
基础教程 HALCON篇

主　编　郭　森
副主编　任仙怡　胡　涛
参　编　高　波　王昌伟

机械工业出版社
CHINA MACHINE PRESS

本书围绕工业机器视觉的具体应用，基于 HALCON 机器视觉集成开发平台，通过 30 余个典型案例，详细介绍工业机器视觉的概念、原理和应用。主要内容包括 HALCON 编程软件、图像采集硬件的组成、图像处理的基本方法和原理、图像特征与提取、图像模式识别等，最后通过综合实例介绍应用 HALCON 解决实际问题的方法和步骤。

本书面向实际应用，内容力求精炼，避免冗繁理论推导，适合高等职业院校和应用型本科院校相关专业的学生使用，也可供图像处理、模式识别、人工智能等领域的科研人员和工程技术人员参考。

本书配有微课视频，扫描二维码即可观看。另外，本书配有电子课件，需要的教师可登录机械工业出版社教育服务网（www.cmpedu.com）免费注册，审核通过后下载，或联系编辑索取（微信：15910938545，电话：010-88379739）。

图书在版编目（CIP）数据

工业机器视觉基础教程：HALCON 篇 / 郭森主编. —北京：机械工业出版社，2021.10（2025.1 重印）
高等职业教育系列教材
ISBN 978-7-111-69385-7

Ⅰ. ①工… Ⅱ. ①郭… Ⅲ. ①计算机视觉－高等职业教育－教材
Ⅳ. ①TP302.7

中国版本图书馆 CIP 数据核字（2021）第 212341 号

机械工业出版社（北京市百万庄大街 22 号　邮政编码 100037）
策划编辑：和庆娣　　责任编辑：和庆娣
责任校对：张艳霞　　责任印制：单爱军
北京虎彩文化传播有限公司印刷
2025 年 1 月第 1 版・第 7 次印刷
184mm×260mm・13.25 印张・328 千字
标准书号：ISBN 978-7-111-69385-7
定价：59.00 元

电话服务　　　　　　　　　　　网络服务
客服电话：010-88361066　　　机 工 官 网：www.cmpbook.com
　　　　　010-88379833　　　机 工 官 博：weibo.com/cmp1952
　　　　　010-68326294　　　金 书 网：www.golden-book.com
封底无防伪标均为盗版　　　机工教育服务网：www.cmpedu.com

出 版 说 明

党的二十大报告首次提出"加强教材建设和管理",表明了教材建设国家事权的重要属性,凸显了教材工作在党和国家事业发展全局中的重要地位,体现了以习近平同志为核心的党中央对教材工作的高度重视和对"尺寸课本、国之大者"的殷切期望。教材作为教育目标、理念、内容、方法、规律的集中体现,是教育教学的基本载体和关键支撑,是教育核心竞争力的重要体现。建设高质量教材体系,对于建设高质量教育体系而言,既是应有之义,也是重要基础和保障。为落实立德树人根本任务,发挥铸魂育人实效,机械工业出版社组织国内多所职业院校(其中大部分院校入选"双高"计划)的院校领导和骨干教师展开专业和课程建设研讨,以适应新时代职业教育发展要求和教学需求为目标,规划并出版了"高等职业教育系列教材"丛书。

该系列教材以岗位需求为导向,涵盖计算机、电子信息、自动化和机电类等专业,由院校和企业合作开发,由具有丰富教学经验和实践经验的"双师型"教师编写,并邀请专家审定大纲和审读书稿,致力于打造充分适应新时代职业教育教学模式、满足职业院校教学改革和专业建设需求、体现工学结合特点的精品化教材。

归纳起来,本系列教材具有以下特点:

1)充分体现规划性和系统性。系列教材由机械工业出版社发起,定期组织相关领域专家、院校领导、骨干教师和企业代表开展编委会年会和专业研讨会,在研究专业和课程建设的基础上,规划教材选题,审定教材大纲,组织人员编写,并经专家审核后出版。整个教材开发过程以质量为先,严谨高效,为建立高质量、高水平的专业教材体系奠定了基础。

2)工学结合,围绕学生职业技能设计教材内容和编写形式。基础课程教材在保持扎实理论基础的同时,增加实训、习题、知识拓展以及立体化配套资源;专业课程教材突出理论和实践相统一,注重以企业真实生产项目、典型工作任务、案例等为载体组织教学单元,采用项目导向、任务驱动等编写模式,强调实践性。

3)教材内容科学先进,教材编排展现力强。系列教材紧随技术和经济的发展而更新,及时将新知识、新技术、新工艺和新案例等引入教材;同时注重吸收最新的教学理念,并积极支持新专业的教材建设。教材编排注重图、文、表并茂,生动活泼,形式新颖;名称、名词、术语等均符合国家有关技术质量标准和规范。

4)注重立体化资源建设。系列教材针对部分课程特点,力求通过随书二维码等形式,将教学视频、仿真动画、案例拓展、习题试卷及解答等教学资源融入到教材中,使学生学习课上课下相结合,为高素质技能型人才的培养提供更多的教学手段。

由于我国高等职业教育改革和发展的速度很快,加之我们的水平和经验有限,因此在教材的编写和出版过程中难免出现疏漏。恳请使用本系列教材的师生及时向我们反馈相关信息,以利于我们今后不断提高教材的出版质量,为广大师生提供更多、更适用的教材。

机械工业出版社

前　言

视觉系统是人类认识世界的主要工具，而机器视觉是对人类自身视觉感知能力的仿真。伴随着电子学和计算机科学的发展，机器视觉在工业、农业、医药、军事、航天、气象、天文、公安、交通、安全、科研等各个领域都到了广泛应用。工业机器视觉是机器视觉在工业领域内的应用，是机器视觉的一个重要的应用方向，已渗透到工业生产的方方面面，在工业生产过程中的目标识别、表面质量检测、目标定位、测量等细分领域发挥着越来越重要的作用。工业机器视觉已广泛应用于工业自动化生产的各个环节，它显著地提高了生产效率、产品质量以及自动化程度，是实现智能制造的基础技术之一。

随着智能制造的发展，对工业机器视觉人才的需求逐年增长，广大工程技术人员迫切要求掌握和应用该项技术。目前机器视觉的教材普遍偏重理论和算法介绍，对数学基础和编程能力有较高的要求，一般的工程技术人员难以理解和掌握，广大读者迫切需要一本易学、易懂、实用性强的教材。

应用于工业领域的软件对计算结果的精度、准确率和开发周期有着较高的要求。由于机器视觉所涉及理论的复杂性，要从底层做起，开发出一套商用的工业视觉软件有较大的难度，一般的工程技术人员难以胜任，因此，封装了机器视觉基础算法，具有良好界面的集成开发环境，并且易学、易用的机器视觉平台软件应运而生，成了现实选择。

目前，市场上主流的工业机器视觉平台软件有 OpenCV、HALCON、NI Vision 等。其中HALCON 是由德国 MVTec 公司开发的一款功能齐全的机器视觉平台软件，它包括 1500 多个函数，900 多个例程，所有的图像处理功能都可以找到对应的算子，基于它提供的原型化的集成开发环境，用户可以方便、快捷地搭建自己的机器视觉系统。它被工业界公认为具有最佳效能的机器视觉软件，同时也是市场占有率最高的工业机器视觉平台之一。对于读者而言，通过学习 HALCON 可以快速地了解和掌握开发工业机器视觉系统的原理和方法。

本书面向实际应用，内容力求精炼，避免冗繁理论推导，围绕着工业机器视觉的具体应用，基于 HALCON 机器视觉集成开发平台，通过 30 余个典型案例，详细介绍工业机器视觉的概念、原理和应用。

本书分为 10 章。第 1 章绪论，主要介绍工业机器视觉的概念、应用领域、系统组成等内容。第 2 章 HALCON 的基础知识，介绍 HALCON 编程软件，包括 HALCON 集成开发环境、基本语法等内容。第 3 章机器视觉硬件系统，介绍图像采集硬件的组成，主要包括镜头、相机、光源、图像采集卡等硬件知识和选型原则以及相机标定等内容。第 4 章灰度图像BLOB 分析、第 5 章图像滤波和第 6 章图像的形态学处理，介绍图像处理的基本方法和原理，包括二值化原理、连通域分析、形态学、图像滤波、图像增强、仿射变换等。第 7 章图像的几何变换，介绍图像的位置变换以及形状变换。第 8 章图像特征与提取，介绍常用的图像特征以及提取方法。第 9 章图像模式识别，介绍模板识别的基本理论和几种常见的模式识别方法。第 10 章综合实例，通过模板匹配、高精度测量、HALCON 与 C#混合编程 3 个实例，介绍使用 HALCON 解决实际问题的方法和步骤。

本书在编写过程中得到了超人视觉的罗超先生的大力帮助，谨在此表示衷心感谢。

本书适合高等职业院校和应用型本科院校相关专业的学生使用，也可供图像处理、模式识别、人工智能等领域的科研人员和工程技术人员参考。

本书由郭森担任主编，任仙怡、胡涛担任副主编。高波、王昌伟参与了编写，全书由郭森负责统稿、定稿。在编写过程中，编者参考了相关书籍、论文、资料和网站文献以及 HALCON 自带的例图和例程，在此对原作者表示衷心感谢。

由于编者水平有限，书中难免存在疏漏和不足之处，敬请读者指正。

编者

目 录

第1章 绪 论

制造业是一个国家工业化发展的引擎，最能体现一个国家的硬实力。随着传统制造业与网络信息技术、人工智能、大数据、云计算等技术的深度融合与集成，制造业正迈入智能制造时代。机器视觉技术可以显著提高生产的自动化程度和生产效率，是实现智能制造的基础技术之一。

学习目标
- 了解工业机器视觉的概念。
- 了解工业机器视觉应用和发展。
- 了解工业机器视觉系统的组成。
- 了解工业机器视觉的软件体系。

1.1 工业机器视觉的概念

什么是机器视觉？美国机械工程师协会（American Society of Mechanical Engineers，ASME）和美国机器人工业协会（Robotic Industries Association，RIA）的自动化视觉分会给出的定义是：机器视觉（Machine Vision）是通过光学的装置和非接触的传感器自动地接收和处理一个真实物体的图像，以获得所需信息或用于控制机器人动作的装置。

简而言之，机器视觉主要用计算机来模拟人的视觉功能，从客观事物的图像中提取信息，进行处理并加以理解，最终用于实际检测、测量和控制。

工业机器视觉是机器视觉在工业领域的应用，它是在生产过程中，用机器代替人眼来做测量和判断。由于机器视觉系统可以快速获取大量信息，而且易于自动处理，也易于和其他控制信息集成，因此，在现代自动化生产过程中，人们将机器视觉系统广泛地用于工况监视、成品检验和质量控制等领域，特别是在一些不适合人工作业的危险环境或人工视觉难以满足要求的场合。同时，在大批量工业生产过程中，用人工视觉检查产品质量不仅效率低、稳定性差，而且精度不高，用机器视觉检测方法可以显著提高生产的自动化程度和生产效率。工业机器视觉是实现智能制造的基础技术之一。

1.2 工业机器视觉的应用领域

机器视觉的应用十分广泛，涵盖了工业、农业、医药、军事、航天、气象、天文、公安、交通、安全、科研等领域。而工业机器视觉是机器视觉的一个十分重要的应用方向。目前，工业机器视觉主要应用于以下细分领域。

1. 目标识别

目标识别，是利用机器视觉对图像进行处理、分析和理解，以识别各种不同模式的目标和对象。目标识别在工业领域中的典型应用有形状识别、颜色识别、纹理识别、条码识别、字符识别等。图 1-1 为一维条码识别的例子。左上角为识别的结果。

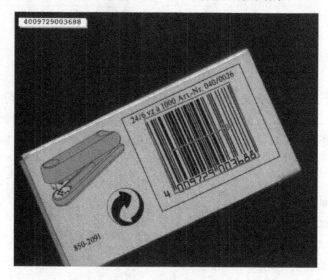

图 1-1　一维条码识别

（HALCON 中的样例程序 "barcode_orientation.hdev"）

2．表面质量检测应用

检测是机器视觉工业领域主要应用之一。目前，机器视觉主要应用于产品的表面质量检测，即通过机器视觉的方法，发现产品表面存在的质量缺陷。比如纺织品表面存在的破洞、断经、断纬、抽丝、跳纱、竹节等疵点；印制电路板上存在的短路、铜残、导体过细或过粗、导体剥离、保胶不良、异物残留、折伤等；液晶显示器上的针孔、抓痕、微粒等缺陷以及显示色彩失真、显示高度不均匀等问题；印刷品上存在的漏印、污点、文字模糊、颜色失真等缺陷。图 1-2 为一表面划痕检测的例子。

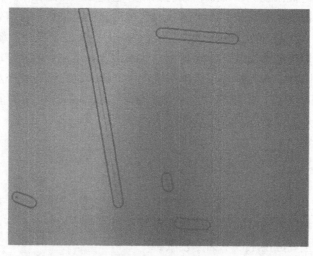

图 1-2　表面划痕检测

（HALCON 中的样例程序 "find_scratches_bandpass_fft.hdev"）

3．目标定位

目标定位是工业机器视觉领域基本应用之一，它要求机器视觉系统能够快速准确地找到被测目标并确认其位置，以指导后续的加工与运动控制。该功能通常与机器手臂配合使用，实现生产线上的自动组装、包装，以及焊接、喷涂等。图 1-3 为印制电路板上芯片引脚的定位示例。

图 1-3　芯片引脚定位

（HALCON 中的样例程序"pm_measure_board.hdev"）

4．测量

工业机器视觉中的测量，是指获得目标的图像后，经过图像处理，计算得到目标的外观尺寸，进而指导后续的生产与加工。它具有非接触测量的特点，同样具有高精度和高速度的性能，它具有非接触无磨损的特点，消除了接触测量可能造成的二次损伤隐患。常见的测量应用包括齿轮、接插件、汽车零部件、集成电路元件引脚、麻花钻、螺钉、螺纹的检测等。图 1-4 为印制电路板上的尺寸测量。

图 1-4　印制电路板测量

（HALCON 中的样例程序"fuzzy_measure_pin.hdev"）

1.3　工业机器视觉的基本原理

机器视觉系统是通过图像采集设备,将被摄取目标转换成图像信号,传送给专用的图像处理系统,得到被摄目标的形态信息,根据像素分布和亮度、颜色等信息,转变成数字化信号;图像系统通过这些信号进行各种运算来得到目标的特征,进而根据判别的结果来控制现场的设备动作。

1.3.1　工业机器视觉涉及的关键技术

1. 硬件技术

工业机器视觉涉及硬件包括光源、镜头、相机、图像采集卡、运动控制模块等设备。

（1）光源

光源的作用是使图像中的目标与背景尽可能地分离,从而大大降低后续图像处理的难度。光源按发光机理不同,可以分为高频荧光灯、卤素灯、发光二极管、气体放电灯、激光二极管等。

（2）镜头

镜头的作用是使得成像目标聚集在图像传感器的光敏面上,从而获得高质量的图像。工业机器视觉中应用的镜头种类繁多,按焦距可以分为定焦镜头和变焦镜头;按用途来分,可以分为显微镜头、微距镜头、远心镜头、紫外镜头和红外镜头等;按接口类型可以分为 C 接口、CS 接口、F 接口、V 接口、T2 接口、徕卡接口、M42 接口、M50 接口等。

（3）相机

相机是机器视觉中的核心部分,它是利用光学成像原理拍摄目标,形成影像并记录。相机有多种分类方法,按感光芯片不同,可以分为 CCD 相机和 CMOS 相机;按输出图像信号的格式可以分为模拟相机和数字相机;按像元排列方式可以分为面阵相机和线阵相机等。

（4）图像采集卡

图像采集卡（Image Capture Card）又称图像捕捉卡,可以获取数字化视频图像信息,并将图像帧送入计算机系统内存或显卡的显存中,供计算机处理、显示和存储使用。图像采集卡按信号源的类型可以分为模拟图像采集卡和数字图像采集卡;按接口不同可以分为 1394 卡、USB 卡、HDMI 卡等。

（5）运动控制模块

运动控制模块是基于 PC 总线,利用高性能微处理器（如 DSP）及大规模可编程器件（如 FPGA）实现多个伺服电动机的多轴协调控制的一种高性能的步进/伺服电动机运动控制卡,包括脉冲输出、脉冲计数、数字输入、数字输出、D/A 输出等功能,它可以发出连续的、高频率的脉冲串,通过改变发出脉冲的频率来控制电动机的速度,改变发出脉冲的数量来控制电动机的位置。

2. 图像处理技术

图像处理（Digital Image Processing）是通过计算机对图像进行去除噪声、增强、复原、分割、提取特征等处理的方法和技术，是机器视觉的核心。它包括以下基本方法。

（1）图像二值化

图像的二值化处理就是把灰度图像原有的 0～255 之间的 256 个亮度等级，通过适当的阈值选取，变为黑（0）或白（255），获得仍然可以反映图像整体和局部特征的二值化图像。

（2）数学形态学

数学形态学是由一组形态学的代数运算子组成的，它的基本运算有 4 个：膨胀、腐蚀、开启和闭合。基于这些基本运算还可推导和组合成各种数学形态学实用算法，用它们可以进行图像形状和结构的分析及处理，包括图像分割、特征抽取、边缘检测、图像滤波、图像增强和恢复等。

（3）连通区域分析

连通区域一般是指图像中具有相同像素值且位置相邻的前景像素点组成的图像区域。连通区域分析是指将图像中的各个连通区域找出并标记出来。

（4）图像滤波

数字图像在其形成、传输、记录过程中往往会受到多种噪声的污染。图像滤波，即在尽量保留图像细节特征的条件下对目标图像的噪声进行抑制。常见的滤波器有非线性滤波器、均值滤波器、中值滤波器、形态学滤波器、双边滤波器等。

（5）图像增强

图像增强是通过一定手段对原图像附加一些信息或变换数据，有选择地突出图像中感兴趣的特征或者抑制（掩盖）图像中某些不需要的特征，将原来不清晰的图像变得清晰或强调某些感兴趣的特征，扩大图像中不同物体特征之间的差别，使图像质量得到改善、丰富信息量，加强图像判读和识别效果，满足某些特殊分析的需要。

（6）特征提取

特征提取是指使用计算机提取图像信息，决定每个图像的点是否属于一个图像特征。特征提取的结果是把图像上的点分为不同的子集，这些子集往往属于孤立的点、连续的曲线或者连续的区域。迄今为止"特征"没有精确的定义。特征往往由问题或者应用类型决定。机器视觉中常用的特征有颜色特征、纹理特征、形状特征、空间关系特征等。

3．识别与分类技术

机器视觉中常常根据研究对象的某些特征进行目标的识别和分类。具体包括图像识别、声音识别、文字识别、指纹识别等，具有实现部分人类脑力劳动自动化的特点。机器视觉中常用的识别与分类方法有神经网络、模板匹配法、特征匹配法以及深度学习等。

1.3.2　工业机器视觉系统

一个完整的工业机器视觉系统，在组成上包括：光源、镜头、相机（包括 CCD 相机和 COMS 相机）、图像采集单元、图像处理软件、监视器、通信及输入/输出单元、运动控制单元等。图 1-5 为一个工件质量检测的机器视觉系统。

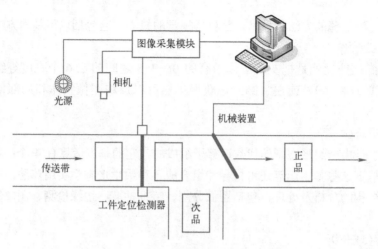

图 1-5   工件质量检测机器视觉系统

图 1-5 中的工件质量检测机器视觉系统的工作流程如下。

1）工件定位检测器探测到物体已经运动至接近摄像系统的视野中心，向图像采集单元发送触发脉冲。

2）图像采集单元按照事先设定的程序和延时，分别向相机和光源发出启动脉冲。

3）一个启动脉冲让相机打开曝光机构，曝光时间可以事先设定。

4）另一个启动脉冲打开光源，光源的开启时间应该与相机的曝光时间匹配。

5）相机曝光后，开始采集一帧图像。

6）图像采集部分接收模拟视频信号，通过 A/D 将其数字化，或者直接接收相机数字化后的数字视频数据。

7）图像采集单元将数字图像存放在处理器或计算机的内存中。

8）图像处理单元对图像进行处理、分析、识别，获得测量结果或逻辑控制值。

9）根据处理结果，运动控制单元控制流水线的动作，将次品排除。

从工业机器视觉系统的组成和工作流程可以看出，它综合了光学、机械、电子、计算机软硬件等方面的技术，涉及计算机、图像处理、模式识别、人工智能、信号处理、光机电一体化等多个领域，是一种比较复杂的系统，可以完成复杂任务。机器视觉系统易于实现信息集成，是实现计算机集成制造的基础技术，可以广泛地应用于工业生产线上，替代人工进行测量、引导、检测和识别等工作，并能保质保量地完成生产任务。

习题

1. 打开 HALCON 软件，找到 HALCON 自带的例程，运行其中的工业领域的例程，观察其运行结果，总结工业机器视觉的主要应用领域。

2. 通常，一个工业机器视觉系统包括图像处理模块、图像采集模块、相机、光源、控制器、光电传感器、运动控制模块等部分组成，请说明各个组成部分所起的作用，以及彼此之间的联系。

3. 分析身边的一个机器视觉系统，写出它的组成部分，用流程图描述出各部分之间的相互关系。

第2章 HALCON 的基础知识

HALCON 是由德国 MVTec 公司开发的机器视觉算法包，它由一千多个独立的函数（算子）构成，其中除了包含各类滤波、色彩以及几何-数学转换、形态学计算分析、图像校正、目标分类辨识、形状搜寻等基本的图像处理功能之外，还有三维视觉处理、并行计算、深度学习等新功能。

HALCON 支持 Windows、Linux 和 macOS 操作环境，整个函数库可以集成到用 C、C++、C#、Visual Basic 和 Delphi 等多种编程语言开发的应用程序中。HALCON 支持目前市场上主流工业相机和各种图像采集卡接口，由 HALCON 开发的软件具有硬件无关性。

HALCON 目前已广泛应用于医学、遥感探测、监控、工业上的各类自动化检测等领域，被公认为是一款功能强大、高效、应用广泛的机器视觉软件。

学习目标
- 阅读简单 HALCON 程序，了解 HALCON 的语言特点。
- 了解 HALCON 的基本数据类型，掌握数据的表示方法。
- 掌握常用运算符、控制流算子。
- 设计简单的 HALCON 程序，并能够熟悉调试和运行。

视频 1
HALCON 的集
成开发环境

2.1 HALCON 的集成开发环境

HALCON 的集成开发环境简称为 HDevelop。当 HALCON 安装完成后，双击图标，会打开 HALCON 集成开发环境界面，如图 2-1 所示。开发环境从上往下，依次是标题栏、菜单栏、工具栏、客户开发区、状态栏等。

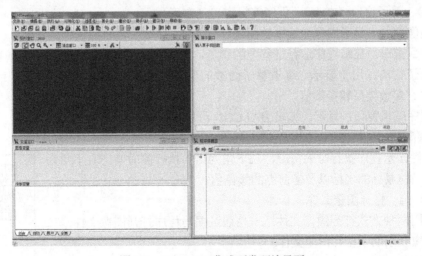

图 2-1　HALCON 集成开发环境界面

1. 标题栏

标题栏显示当前打开程序的文件名及存放地址。

2. 菜单栏

视频2　程序
调试方法

菜单栏包括文件、编辑、执行、可视化、过程、算子、建议、助手、窗口、帮助等下拉菜单，具体如下。

- 文件菜单：包括对整个程序文件的一些操作，如打开、新建、保存、查找、替换等等，以及将程序文件导出为某种特定格式，如 C、C++、C#等。
- 编辑菜单：包括对源代码的编辑操作，如剪切、复制、粘贴、删除等。
- 执行菜单：包括运行、调试程序时的一些操作，如运行程序、单步运行、设置断点等操作。
- 可视化菜单：主要功能包括以下方面：①对打开的图形窗口进行操作：如打开图形窗口、关闭图形窗口；②对打开的图形窗口及窗口中显示的图像进行设置，如设置图像尺寸、显示方式、颜色等内容。③获取图形窗口中显示图像的特征、轮廓线等内容。
- 过程菜单：包括与用户创建、管理函数相关的操作，如创建函数、修改、复制、删除等操作。
- 算子菜单：选择在程序中要使用的 HALCON 自带的算子、函数、控制结构等。
- 建议菜单：根据当前算子，提示用户将使用的下一个算子。
- 助手菜单：集成了一些常用的操作，包括"获取图像""标定""测量""匹配"等。
- 窗口菜单：用于管理客户开发区下的子窗口，包括打开、关闭子窗口、排列窗口、层叠窗口等。
- 帮助菜单：通过该菜单，可以查询到 HALCON 所有的信息及算子。

3. 工具栏

工具栏包括在程序编辑、运行、调试以及特征分析中常用的操作。

4. 客户开发区

客户开发区包括与用户程序开发相关的四个子窗口，分别为图像窗口（左上）、变量窗口（左下）、算子窗口（右上）、程序编辑窗口（右下）。

- 图像窗口：显示图像变量中的图像。
- 变量窗口：显示程序运行过程中的变量，分为图像变量和控制变量两个子窗口。
- 算子窗口：用于显示、编辑算子函数的参数，通过该窗口可以知道算子或函数的参数、参数类型和参数值。
- 程序编辑窗口：显示、编辑 HALCON 程序代码。

5. 状态栏

状态栏显示程序执行时的情况，左下角为语句执行的时间，右下角为图形窗口当前鼠标的坐标以及当前点的颜色值。

视频3　打开
图像文件

【例 2-1】 打开图像文件。

可以用两种方式打开图像文件：一是通过编写程序打开图像文件；二是通过图像获取助手打开图像文件。

操作过程：

1. 通过编写程序打开图像文件

1) 打开 HDevelop 程序。

2) 在"算子窗口"输入 read_image 命令，在 filename 对话框中输入文件名或者单击 filename read（string）按钮，选择文件，如图 2-2 所示。

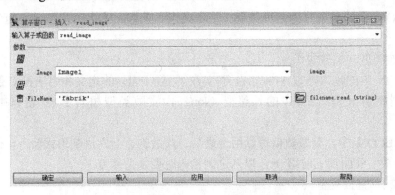

图 2-2　在算子窗口中输入 read_image 算子

3) 单击"确定"按钮后，在程序编辑器中出现读取图像文件的代码，并在图形窗口中出现图像。

2. 通过图像获取助手打开图像文件

1) 打开 HDevelop 程序。

2) 单击"助手"菜单，选择"Image Acquisition"。在"资源"页中单击"选择文件"，选择图像文件，如图 2-3 所示。

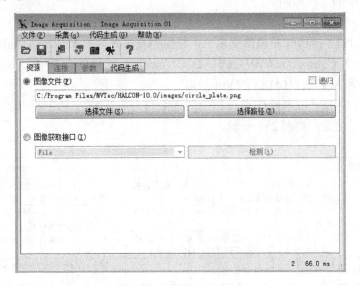

图 2-3　图像获取助手

3) 单击"代码生成"，选择"插入代码"，在"程序编辑器"窗口将出现相应的图像文件打开代码。

2.2 HALCON 语言

2.2.1 HALCON 中的数据类型

HALCON 中的数据分为两种类型：基本类型（整数、实数、字符串、布尔型）和元组类型。

1. 整数类型和实数类型

HALCON 中的整数类型（integer）和实数类型（real）的定义和用法和 C 语言一样，其中整数类型相当于 C 语言中的长整型（long），实数类型相当于 C 语言中的双精度型（double）。

在 HALCON 中，整数数值可以用十进制、八进制、十六进制形式输入，但以十六进制输入时要在数值前面加上前缀 0x，以八进制输入时要加前缀 0。

【例 2-2】 整数类型。

```
a := 100
b : = 0x100
c:= 0100
```

2. 字符串类型（string）

HALCON 中没有单独的字符型数据，它有字符串类型，字符串类型可以是单个字符也可以是多个字符，它是由两个单引号之间的字符序列组成的。字符串的长度限制在 1024 个字符之内。一些不能显示的特殊字符，如换行、回车符、制表符等，用转义字符表示，表示方式与 C 语言中的方式相同。

【例 2-3】 字符串赋值。

将字符串 I'm a student 赋值给变量 A，相应的表达式为：A:='I\'m a student ';。

将软件路径 C:\programs\MVTec\HALCON\images 赋值给变量 B，相应的表达式为：B:='C:\\programs\\MVTec\\HALCON\\images'。

HALCON 中的字符串操作通过相应的函数进行，可以实现字符串的修改、选择、联合、类型转换等功能，如表 2-1 所示。

表 2-1　常用字符串操作函数

序号	字符串操作	说明	示例
1	S1$F	将字符串 S1 按 F 指定的格式转换。F 为转换控制格式，用法同 C 语言中 printf 函数	输入：A:= 34$'d'；输出：'34' 输入：A:=34$'10.2f'；输出：'34.00'
2	S1+S2	将字符串 S1 与 S2 联结起来，形成一个新字符串	输入：A:='Hello' + 'World' 输出：'Hello World'
3	strstr(S1,s2)	在字符串 S1 中，从左到右搜索 s2，返回 s2 在 S1 中的位置，如果没有查找到，返回值为-1	输入：A:=strstr('Hello world', 'w') 输出：6
4	strlen(S1)	计算出字符串 S1 的长度	输入：A:=strlen('Hello world') 输出：11
5	S1{i}	选取字符串 S1 中，位置 i 处的字符	输入：S1:='Hello World' a:= S1{6} 输出：'W'
6	split(S1,s)	s 为分割符，根据 s，将 S1 分割成由若干个字符串组成的元组	输入：S1:='Hello,World' s:=',' A:=split(S1,s) 输出：['Hello', 'World']

3. 布尔类型（boolean）

布尔类型数据有两类值：true 和 false。true 在内部用数值 1 表示，而 false 在内部用数值 0 表示。如表达式 b := true 中的变量 b 的实际值为 1。同 C 语言一样，除了 0 之外的任何一个整数都可表示为 true。

4. 元组类型（tuple）

元组类型是 HALCON 中特殊的数据类型，它与 C 语言中的结构体的概念近似，一个元组可以由几种不同类型的数据组成，但它的使用较 C 语言结构体更为灵活。

【例 2-4】　元组类型赋值。

```
A:=[12, 'Hu', '47.32']
B:=[true, 'Good', false, 'Bad']
```

1）可以用 || 运算符得到元组中元素的个数。

【例 2-5】　求元组中元素个数。

```
A:=[12, 'Hu', '47.32']
c:=|A|
```

结果：c 中的值为 3。

HALCON 中元组运算需遵循下列原则。

2）如果元组中仅有一个元素，则其他元组与此元组进行运算时，都与该元素进行运算。

【例 2-6】　元组运算。

```
A:=[5]
B:=[1,2,3]
C:= A * B
```

运算结果：C 中的值为 [5,10,15]。

3）如果两个元组进行运算，任意一个元组为空元组（[]），则运算结果亦为空元组。

【例 2-7】　空元组计算。

```
A := [1,2,3]
B := []
C := A + B
```

运算结果：C 中的值为 []。

4）在其他情况下，两个元组中元素数量必须相等，运算结果为两个元组对应元素间相互运算值。

【例 2-8】　元组相加。

```
A:=[1,2,3]
B:=[2,4,6]
C:= A + B
```

运算结果：C 中的值为 [3,6,9]。

2.2.2 HALCON 中的运算符

HALCON 中的运算符包括算术运算符、逻辑运算符、关系运算符，其功能和用法与 C 语言类似。但 HALCON 中每个运算符都有一个对应的算子，如表 2-2 所示。

表 2-2 HALCON 中的运算符

序号	运算符	说明	示例	对应的 HALCON 算子
一、算术运算符				
1	+	加	a1 + a2	tuple_add
2	–	减	a1 – a2	tuple_sub
3	*	乘	a1 * a2	tuple_mult
4	/	除	a1/a2	tuple_div
5	%	取模	a1%a2	tuple_mod
6	–	负	–a	tuple_neg
7	:=	赋值	a1:=a2	assign
二、逻辑运算符				
1	and	与	L1 and L2	tuple_and
2	or	或	L1 or L2	tuple_or
3	not	非	not L1	tuple_not
4	xor	异或	L1 xor L2	tuple_xor
三、关系运算符				
1	>	大于	L1>L2	tuple_greater
2	<	小于	L1<L2	tuple_less
3	>=	大于或等于	L1>=L2	tuple_greater_equal
4	<=	小于或等于	L1<=L2	tuple_less_equal
5	=	相等	L1=L2	tuple_equal
6	#	不相等	L1#L2	tuple_not_equal

【例 2-9】 分别用算术运算符与算术算子两种方法计算 100+200。

1）在程序编辑窗口输入 a := 100 + 200。

2）在程序编辑窗口输入 tuple_add (100, 200, a1)。

HALCON 中的加法运算与 C 语言不同，它可以计算字符型与整数型或实数型，计算结果为字符串型。

【例 2-10】 字符串型的加法。

A:= 'Hello World' + 123

结果：A 中的值为'Hello World123'。

A:= 'Hello World' + 1+23

结果：A 中的值为'Hello World123'。

A:= 1+23 +'Hello World'

结果：A 中的值为'24Hello World'。

2.2.3　HALCON 中的控制流算子

HALCON 通过控制流算子来控制程序的走向，包括条件选择算子和循环算子，其功能和用法与 C 语言基本一致。这类算子通常是成对出现，一个算子作为开始标记，另一个作为结束标记，两者之间为程序主体。

1. 选择结构算子

HALCON 中的选择结构语句有三种形式。

（1）if…else 算子

通常的形式为：

```
if(条件)
程序主体
endif
```

程序执行到 if 语句，先判断条件是否满足，如果满足条件，则执行程序主体，否则执行 endif 后面的语句。

（2）if…else…endif 算子

通常的形式为：

```
if(条件)
程序主体 1
else
程序主体 2
endif
```

这通常用于二选一的判断，即如果条件得到满足，则执行程序主体 1；否则执行程序主体 2。

（3）if…elseif…endif 算子

通常的形式为：

```
if(条件 1)
程序主体 1
elseif(条件 2)
程序主体 2
endif
```

此算子可以用于多个条件的判断，即如果条件 1 满足则执行程序主体 1；否则，如果条件 2 得到满足则执行程序主体 2……elseif 后面可以附加任意数目的 elseif 指令，从而实现多个条件的判断。

【例 2-11】　选择结构

输入代码：

```
A:=2
```

```
B:=3
C:=4
if(A>B)
  D:= A
elseif(C>B)
  D:=B
endif
```

输出结果：D 中的值为 3。

2. 循环结构算子

HALCON 中的循环结构算子有以下三种形式。

（1）while…endwhile 算子

通常形式为：

```
while(条件)
程序主体
endwhile
```

只要满足条件，则执行程序主体。每执行一次程序主体，就对条件进行判断，直到不满足条件跳出循环。

（2）repeat…until 算子

通常形式为：

```
repeat
程序主体
until(条件)
```

先执行程序主体，再判断条件。如果满足条件，则重新执行程序主体，否则退出循环。

（3）for…endfor 算子

通常形式为：

```
for(<索引值>：=<开始值> to <结束值> by <增量>)
程序主体
endfor
```

说明：它的执行过程如下。

1）先将开始值赋值给索引值。

2）判断索引值是否大于结束值，如果大于结束值，则跳出循环，否则执行程序主体。

3）索引值加上增量，跳转到 2）。

【例 2-12】 用三种循环结构算子分别计算从 1 加到 100 的值，即 1+2+3+…+100。

while…endwhile 算子：

```
A:=1
S:=0
while(A<=100)
    S:=S+A
```

```
            A:=A+1
        endwhile
```

repeat…until 算子：

```
        A:=1
        S:=0
        repeat
            S:=S+A
            A:=A+1
        until(A>100)
```

for…endfor 算子：

```
        S:=0
        for A:=1 to 100 by 1
            S:=S+A
        endfor
```

3．其他控制程序流的算子

HALCON 中也有中断循环和暂停程序的语句，包括 break 算子、continue 算子、stop 算子、exit 算子。

（1）break 算子

通常形式为：break()。

说明：该算子可以用来从循环体内跳出循环，即提前结束循环。

（2）continue 算子

通常形式为：continue()。

说明：该算子可以用来结束本次循环，即跳过循环体中下面尚未执行的语句，接着进行下一次是否执行循环的判断。

（3）stop 算子

通常形式：stop()。

说明：该算子执行后暂时停止程序，通过单击 Step over 或 Run 按钮可以继续执行程序。

（4）exit 算子

通常形式：exit()。

说明：该算子用于终止程序，并退出 HALCON 集成开发环境。

2.3　HALCON 中创建函数

视频 4
HALCON 中创
建函数

HALCON 可以根据需要创建自定义函数。通过例 2-13 说明创建过程。

【例 2-13】　创建函数 myfun(a,b,c)，输入浮点数 a，b 的值，计算 a 和 b 的乘积 c，将计算结果返回。

1）打开 HDevelop 程序。

2）打开函数菜单，选择"创建新函数"，如图 2-4 所示。

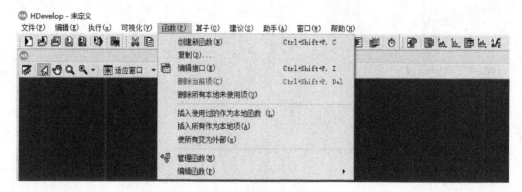

图 2-4　创建新函数

3）输入函数名称，如图 2-5 所示。

4）输入参数，如图 2-6 所示。

图 2-5　输入函数名称

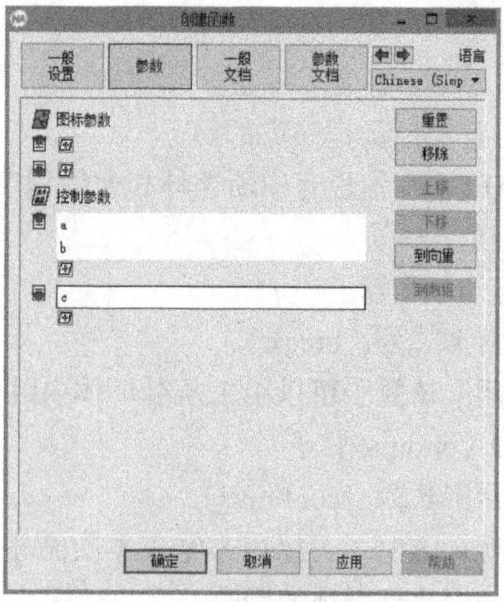

图 2-6　输入参数

5）单击"参数文档"按钮，设置参数类型，如图 2-7 所示。

图 2-7　参数设置

6）在程序编辑窗口，输入程序代码，如图 2-8 所示。

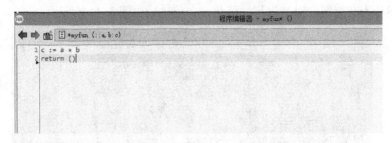

图 2-8　输入程序代码

7）函数调用，如图 2-9 所示。

图 2-9　函数调用

2.4　案例——找出图中面积最大的圆

【要求】

图 2-10 为 HALCON 自带的"brake_disk_part_01.png"的图片，试着给它加上不同种类的噪声，然后找出其中面积最大的圆，并将圆的面积标注在其圆心位置。

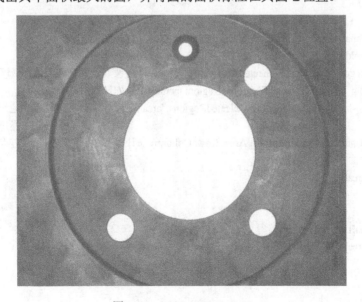

图 2-10　brake_disk_part_01

【分析】

1）该图片为灰度图，对其进行二值化，二值化后如图 2-11 所示。

图 2-11   二值化后的图像

2）由图 2-11 可知，除了六个圆形之外，还有一些微小的噪声点。可采用开运算和特征选择的方法去除噪声点。

3）调用 HALCON 自带的函数，求得圆的面积和圆心点坐标，然后，用本章所学习的选择算子和循环算子找出面积最大的圆。

4）在面积最大圆的圆心坐标位置写上该圆的面积。

【源代码】

```
++++++++++++++++++++++++++++++++++++++++++++++++++++++++++++++++++
read_image (Image,' brake_disk_part_01.png')        //打开图像
threshold (Image, Regions, 206, 255)                //对图像进行二值化
connection (Regions, ConnectedRegions)              //对像素点进行聚类，形成区域
opening_circle (ConnectedRegions, RegionOpening,3.5) //开运算，去除噪声点
select_shape (RegionOpening, SelectedRegions, 'area', 'and', 1344.09, 500000))//应用特征选择算子去除
                                                                //噪声点
area_center (SelectedRegions, Area, Row, Column)  //计算各个圆的面积和中心点坐标
//找出面积最大的圆
m:=Area[0]
n:=0
for i:= 1 to |Area|-1 by 1
if(Area[i] > m)
m:=Area[i]
n:=i
endif
endfor
// 在圆心的位置标注该圆的面积
```

```
set_tposition(3600,Row[n],Column[n])
write_string (3600, Area[n])
```
++

习题

1．在 HDevelop 中编程实现 1+2+3+…+100。

2．设计函数 myfun(r,h, girth,area)，其中 r 和 h 分别为圆的半径和周长，girth 和 area 为圆的周长和面积。在主程序中调用函数，输入 r 和 h，计算输出 girth 和 area。

3．设计函数 myfun(x)，根据下式，计算输入 x，输出 y。

$$y = \begin{cases} x, & x<1 \\ 2x+1, & 1 \leqslant x<10 \\ 3x+11, & x \geqslant 10 \end{cases}$$

4．打开一个图片文件，计算出图片的尺寸大小，在图片的中心位置标出图片的长和宽。

5．某次测量得到若干个点的坐标，结果如下。

Row:=[143.22, 13.55, 15.11, 200.78, 48.79, 89.01, 73.35, 53.27]
Column:=[34.67, 12.88, 76.43, 12.98, 67.12, 210.65, 144.89, 90.34]

请计算各点之间连线的长度，并找出其中的最小值。

6．打开 HALCON 自带的"brake_disk_part_01.png"刹车片图片，完成以下任务：

1）计算其中所有的圆的面积和圆心坐标。

2）找出其中面积最大的圆。

3）在图片上画出所有圆的圆心与面积最大圆的圆心之间的连线。

4）计算出连线的长度以及连线与水平轴的夹角。

第3章 机器视觉硬件系统

一个典型的图像采集系统如图 3-1 所示，通过光源照射使得被测物的基本特征得以更好地呈现；通过镜头使得物体在图像传感器上清晰成像；通过相机将图像转换为模拟或数字图像信号，最后通过相机与计算机的接口将图像信号输入计算机系统并存入计算机内存中，供机器视觉程序调用。

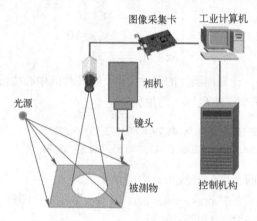

图 3-1 典型的图像采集系统

学习目标

● 了解机器视觉图像采集系统基本框架。
● 了解光源、镜头、相机基本概念和原理。
● 了解常见的打光方式，对比图像在不同光源及不同打光方式下的呈现效果。
● 了解相机标定的方法。

3.1 光源

光源在机器视觉系统中十分重要，它的主要功能是将光线投射到被测物上，使物体的重要特征得到更好的显现，同时抑制干扰或噪声。选择合适的光源能够呈现一幅好的图像，同时能够简化算法、提高执行效率，并增强系统稳定性和可靠性。

以手表玻璃表面划痕检测为例。图 3-2 中三幅图分别采用了不同的光源，图 3-2a 和图 3-2b 中手表表面的划痕完全看不清楚，而采用图 3-2c 中的打光方式则可以清楚看出手表的划痕。由此可见，选择合适的光源和打光方式直接关系到机器视觉系统的成败。

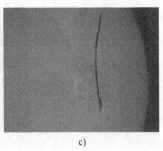

a)　　　　　　　　　　　b)　　　　　　　　　　　c)

图 3-2　手表玻璃表面划痕检测

a) 待检测样品　b) 错误打光　c) 理想打光

理想的光源应该是明亮、均匀、稳定的。机器视觉系统使用的光源主要有三种：高频荧光灯、光纤卤素灯、LED 光源，各种光源如图 3-3 所示。表 3-1 为三种光源的性能对比。

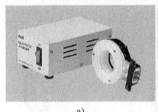

a)　　　　　　　　　　　b)　　　　　　　　　　　c)

图 3-3　常用的三种光源

a) 高频荧光灯　b) 光纤卤素灯　c) LED 光源

表 3-1　三种光源对比

名称	使用寿命	优点	缺点
高频荧光灯	1500～3000h	扩散性好、适合大面积均匀照射	响应速度慢，亮度较暗
光纤卤素灯	约 1000h	亮度高	响应速度慢，几乎没有光亮度和色温的变化
LED 光源	10000～30000h	● 可以使用多个 LED 达到高亮度 ● 可组合不同的形状 ● 响应速度快，波长可以根据用途选择 ● 反应快捷，可在 10μm 或更短的时间内达到最大亮度	在白光照射中显色性偏低

3.1.1　光源的颜色

不同颜色的光适用于不同的应用场景。光源常用的颜色有：白色、蓝色、红色、绿色、红外、紫外。

（1）白色光源（W）

白色光源通常用色温来界定，色温高的颜色偏蓝色（冷色，色温>5000K），色温低的颜色偏红（暖色，色温<3300K），界于 3300～5000K 之间称为中间色。白色光源适用性广，亮度高，经常在拍摄彩色图像时使用。

（2）蓝色光源（B）

蓝色光源波长在 430～480nm 之间，适用于银色背景产品（如钣金件、车加工件等）、薄膜上金属印刷品等。

（3）红色光源（R）

红色光源的波长在 600～720nm 之间，由于其波长比较长，可以穿透一些比较暗的物体。当应用于底材黑色的透明软板孔位定位、绿色电路板电路检测，透光膜厚度检测等场景时，使用红色光源可以明显提高对比度。

（4）绿色光源（G）

绿色光源波长在 510～530nm 之间，常用于红色或银色背景产品（如钣金件、车加工件等）检测。

（5）红外光（IR）

红外光的波长一般在 780～1400nm 之间，红外光属于不可见光，其透过力强。一般在 LCD 屏检测、视频监控行业应用比较普遍。

（6）紫外光（UV）

紫外光的波长一般在 190～400nm 之间，其波长短，穿透力强，主要应用于证件检测、触摸屏 ITO（氧化铟锡）检测、布料表面破损、点胶溢胶检测以及金属表面划痕检测等。

图 3-4 为同一图像用白、红、蓝三种不同颜色光源打光的效果图。

　　　　a)　　　　　　　　　b)　　　　　　　　　c)　　　　　　　　　d)

图 3-4　不同颜色光源打光效果示意图

a) 测试图案　b) 白光打光效果　c) 红光打光效果　d) 蓝光打光效果

图 3-5 为音响透明胶在白色光源和紫外光源下打光的效果图。图 3-5b 采用紫外光源，透明胶下的物体得以清晰呈现。

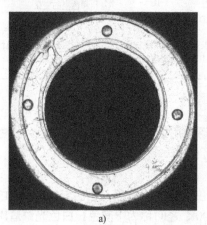 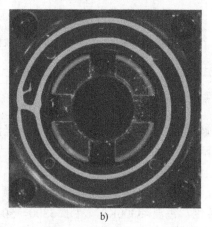

　　　　　　a)　　　　　　　　　　　　　　　　　　b)

图 3-5　音响透明胶不同光源打光效果

a) 白色光源　b) 紫外光源

3.1.2　光源的照射方式

　　光源照射的方向性也是增强被测物特征的有效手段。光源可以是漫射或直接照射的方式。当光源漫射时，在各个方向光的强度几乎是一样的；直接照射时，光源发出的光集中在非常窄的空间角度范围内，在特定情况下，光源可以仅发出单向平行光，称作平行光照射，如图 3-6 所示。

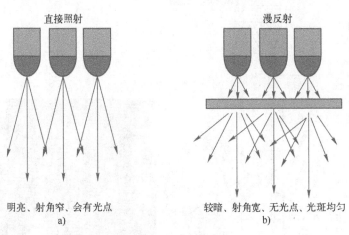

图 3-6　光源照射方向性

a) 直接照射　b) 漫反射

　　另一方面，光源、相机以及被测物的相对位置也可以用来增强被测物特征。如果光源与相机位于被测物的同一侧，称为正面光；如果光源与相机位于被测物的两侧，此时称为背光；如果光源与被测物成一定角度，使得绝大部分光反射到相机，称作明场照射，如图 3-7a 所示。如果由于光源位置的原因，仅仅将照射到被测物特定部分的光反射到相机，称此类照射方式为暗场照射，如图 3-7b 所示。

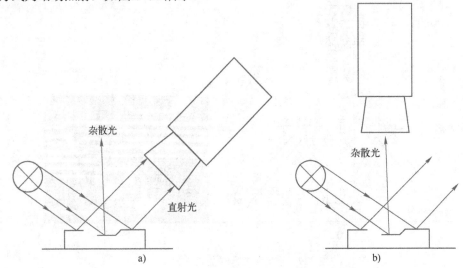

图 3-7　明场照射和暗场照射

a) 明场照射　b) 暗场照射

光源的照射方式也称为打光方式，常见的有以下几种。

1. 角度照射

光源与被测物成一定角度（常见的有 30°、45°、60°、75°等）照射，如图 3-8 所示。这种照射方式光束集中、亮度高、均匀性好、照射面积相对较小，常用于液晶校正、塑胶容器检查、工件螺孔定位、标签检查、引脚检查、集成电路印字检查等。

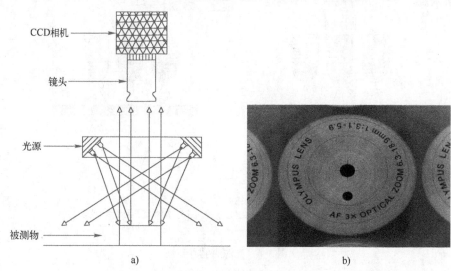

图 3-8　角度照射方式及效果图

a) 角度照射示意图　b) 工件效果图

2. 垂直照射

光源与实测物体成 90°照射。如图 3-9 所示。这种照射方式照射面积大、光照均匀性好、适用于较大面积照射。可用于基底和电路板定位、晶片部件检查等。

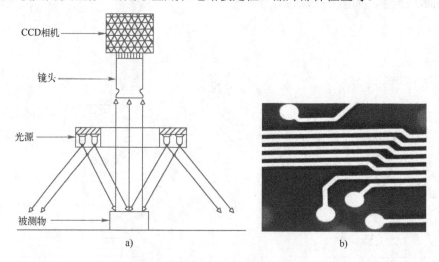

图 3-9　垂直照射方式及效果图

a) 垂直照射示意图　b) 电路板效果图

3. 低角度照射

光源与被测物照射角度小于 30°，这种照射方式对表面凹凸表现力强。适用于晶片或玻璃基片上的伤痕检查，如图 3-10 所示。

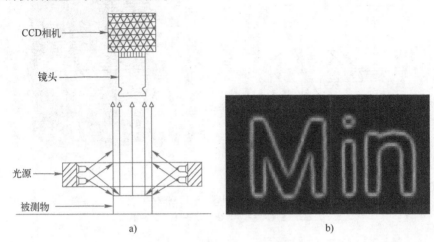

a)　　　　　　　　　　b)

图 3-10　低角度照射方式及效果图

a) 低角度照射示意图　b) 晶片表面

4. 多角度照射

这种方式常常将 RGB 三色光从不同角度对被测物进行照射，可以实现焊点的三维信息提取。适用于电路板焊锡部分、球形或半圆形物体以及其他不规则形状物体的检测，如图 3-11 所示。

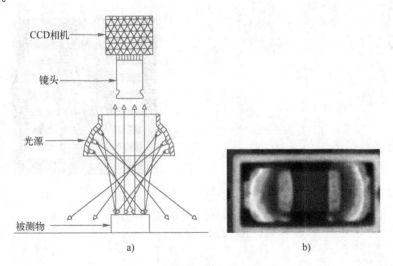

a)　　　　　　　　　　b)

图 3-11　多角度照射方式及效果图

a) 多角度照射方式示意图　b) 焊锡效果图

5. 碗状光照射

这种照射方式常用球积分光源，它可以 360°从底部发光，通过碗状内壁发射，形成球形均匀光照。常用于检测曲面的金属表面文字和缺陷，如图 3-12 所示。

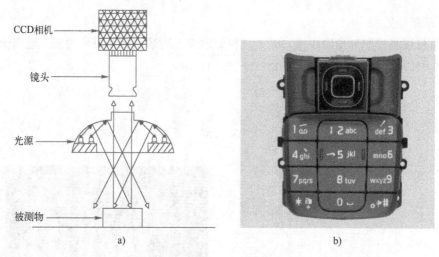

图 3-12　碗状光照射方式及效果图

a) 碗状光照射示意图　b) 手机外壳效果图

6. 同轴光照射

这种照射方式常用平行同轴光源。它类似于平行光的应用，光源前面带漫反射板，形成二次光源，光线主要趋于平行。用于半导体、PCB 以及金属零件的表面成像检测，微小元器件的外形、尺寸测量，如图 3-13 所示。

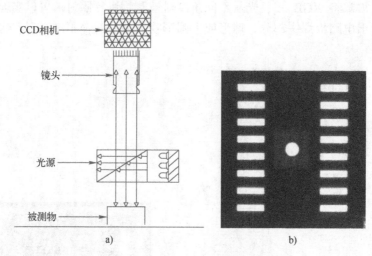

图 3-13　同轴光照射方式及效果图

a) 同轴光照射示意图　b) 零件效果图

7. 背光照射

这种照射方式常用背光源或平行背光源，它的发光面是一个漫射面，均匀性好。可用于镜面反射材料，如晶片或玻璃基底上的伤痕检测，LCD 检测，微小电子元器件尺寸、外形测量，靶标测试等，如图 3-14 所示。

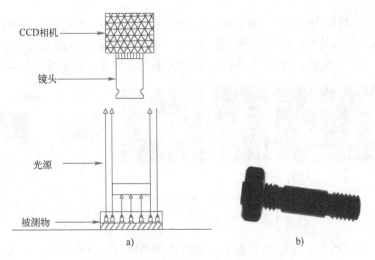

图 3-14　背光照射方式及效果图

a) 背光照射示意图　b) 工件效果图

同一目标在不同打光方式下会呈现不同效果。图 3-15 为电缆导线在使用同轴光和平面背光下的成像效果。

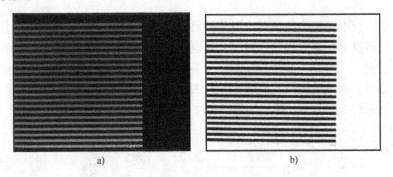

图 3-15　电缆导线在不同打光方式下的成像效果

a) 使用同轴光　b) 使用平面背光

3.1.3　案例——选择合适的打光方式

【要求】如图 3-16 所示，一块不透明的塑料片和一块表面平滑光亮的金属片放在透明玻璃上。如果检测目标分别是塑料片、金属片和玻璃，请问应该选择何种打光方式？成像有何特点？

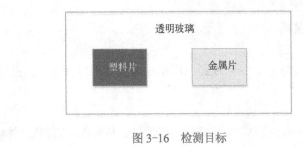

图 3-16　检测目标

【分析】当检测目标为塑料时，由于塑料片不透明，它对入射光漫反射，因此，采用暗场照射；当检测目标为金属片时，由于它表面光滑，对入射光全反射，因此采用明场照射；当检测目标为玻璃时，由于光线能穿透过去，因此采用背光照射。成像效果如图 3-17 所示。

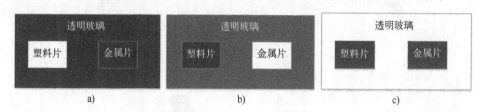

图 3-17   成像效果图

a) 暗场照射   b) 明场照射   c) 背光照射

从图 3-17 可以看出，在暗场照射下，塑料片所在区域的亮度最高；在明场照射下金属片的亮度最高；在背光照射下，透明玻璃的亮度最高。通过采用不同的照射方法，可以将检测目标与其他物体区分开来。

3.2   镜头

在机器视觉系统中，镜头的主要作用是将目标成像在图像传感器的光敏面上。镜头的质量直接影响到机器视觉系统的整体性能，合理地选择和安装镜头，是机器视觉系统设计的重要环节。

镜头往往是由多组透镜构成，依照光学原理、由远处而来的光线穿过具有聚焦作用的透镜后，会聚焦于光敏传感器上，形成图像。图 3-18 为镜头成像示意图。

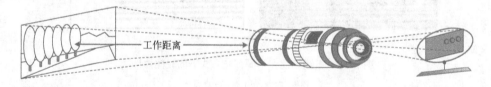

图 3-18   镜头成像示意图

镜头的理想模型是薄透镜模型。薄透镜是指透镜没有厚度，当然这种透镜是不存在的，而且我们一般用的镜头都是多组镜片组合在一起的。我们通常在使用中会忽略厚度对透镜的影响，在去除透镜参数中的厚度后，可简化许多光学计算公式。

3.2.1   工业镜头的基本参数

工业镜头的基本参数包括：视场、工作距离、景深、焦距、相对孔径、放大倍率等。

（1）视场

视场（Field of view，FOV），也叫视野范围指观测物体的可视范围，也就是充满相机采集芯片的物体部分。

（2）工作距离

工作距离（Working Distance，WD）指能够清晰成像时从镜头前部到被测物的距离。

（3）景深

景深（Depth of view，DOF），镜头能够保持所需分辨率的情况下，被测物离最佳焦点的距离范围。

（4）焦距

焦距（Focal Length）是光学系统中衡量光的聚集或发散的度量方式，指平行光入射时从透镜光心到光聚集之焦点的距离。

（5）相对孔径

相对孔径是用镜头的有效孔径 d 和焦距 f 之比表示。相对孔径的大小决定镜头纳光的多少，反映了光照度的大小。相对孔径的倒数称光孔号码或光圈系数。最大的相对孔径刻在镜头上。如 1：2.8 或 1：4 等。根据相对孔径的大小可以把镜头分为弱光、普通、强光镜头。

在镜头中设有专门的孔径光阑，它的作用是限制进入透镜的光通量，决定像的照度。孔径光阑可以连续调节，从而获得多种相对孔径。在物镜的外壳上标出各档光圈数 F。

图 3-19 为工业镜头参数示意图。

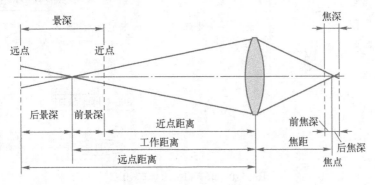

图 3-19　工业镜头参数示意图

（6）光学放大倍率

感光芯片尺寸除以视野范围（FOV）就等于光学放大倍率。它的计算公式如下：

$$PMAG = 感光芯片尺寸（mm）/视野范围（mm）$$

3.2.2　工业镜头的分类

工业镜头按不同的参数划分，得到不同的分类结果。表 3-2 为常见的工业镜头分类情况。

表 3-2　工业镜头分类情况

分类方式	分类种类
根据焦距是否可调分类	定焦距镜头和变焦距镜头类
根据焦距的长短分类	鱼眼镜头、短焦镜头、标准镜头、长焦镜头
按变焦的方式分类	手动变焦、电动变焦
按镜头和相机之间的接口分类	C 接口、CS 接口、F 接口、V 接口、T2 接口、徕卡接口、M42 接口、M50 接口
按用途分类	显微镜头、微距镜头、远心镜头、紫外镜头

3.3 相机

相机是机器视觉系统中的一个关键组件，其功能就是将通过镜头将聚焦于成像平面的光信号转变成电信号并生成图像。选择合适的相机也是机器视觉系统设计中的重要环节，相机的选择不仅直接决定所采集到的图像分辨率、图像质量等，同时也与整个系统的运行模式直接相关。

相机分为模拟相机和数字相机。模拟相机输出的是模拟信号，可直接接监视器或者显示器使用，但必须通过图像采集卡将模拟信号转化为数字信号才能供后续图像处理程序使用。

数字相机的基本构造如图 3-20 所示，先通过传感器芯片将光信号转换为电荷信号，然后借助后端电路将电荷信号转换为电压并加以数字量化形成数字图像。

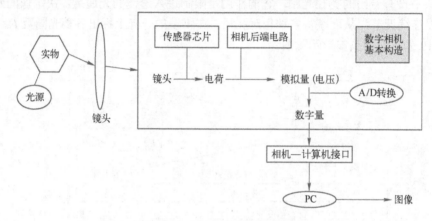

图 3-20　数字相机的基本构造

模拟相机远比工业数字相机便宜，但它们的分辨率和图像质量较低，可以应用于对性能要求不太高的场景中。数字相机比较昂贵，但具有高速度、高准确度、高精度优势。

3.3.1　相机的性能指标

相机的性能指标通常包括分辨率、像素深度、最大帧率、曝光方式、像元尺寸、光谱响应特性、接口类型等。

1）分辨率（Resolution）：相机每次采集图像的像素点数（Pixels），对于数字相机一般是直接与光电传感器的像元数对应的，对于模拟相机则是取决于视频制式，PAL 制为 768×576 像素，NTSC 制为 640×480 像素，模拟相机已经逐步被数字相机代替，后者分辨率目前已经达到 6576×4384 像素。

2）像素深度（Pixel Depth）：即每像素数据的位数，常用的是 8bit，对于数字相机一般还会有 10bit、12bit、14bit 等。

3）最大帧率（Frame Rate）/行频（Line Rate）：相机采集传输图像的速率，面阵相机一般为每秒采集的帧数（Frames/Sec.），线阵相机为每秒采集的行数（Lines/Sec.）。

4）曝光方式（Exposure）和快门速度（Shutter）：线阵相机都是采取逐行曝光的方式，可以选择固定行频和外触发同步的采集方式，曝光时间可以与行周期一致，也可以设定一个固定的时间；面阵相机有帧曝光、场曝光和滚动行曝光等几种常见方式，数字相机一般都提供外触发采图的功能。快门速度一般可到 10μs，高速相机还可以更快。

5）像元尺寸（Pixel Size）：像元大小和像元数（分辨率）共同决定了相机靶面的大小。像元为正方形，通常用其边长来描述其尺寸大小。目前，数字相机像元尺寸为 3～10μm，一般像元尺寸越小，制造难度越大，图像质量也越不容易提高。

6）光谱响应特性（Spectral Range）：是指该像元传感器对不同光波的敏感特性，一般响应范围是 350～1000nm，一些相机在靶面前加了一个滤镜，目的是滤除红外光线，如果系统需要对红外感光时去掉该滤镜。

7）接口类型：有 Camera Link 接口、以太网接口、1394 接口、USB 接口，目前最新的接口有 CoaXPress 接口。

3.3.2　相机的分类

表 3-3 为相机常见的分类方式。

表 3-3　工业相机分类

分类方式	分类种类
按传感器芯片类型分	CCD 相机、CMOS 相机
按传感器芯片结构分	线阵相机、面阵相机
按扫描方式分	隔行扫描、逐行扫描
按分辨率分	普通分辨率、高分辨率
按输出信号分	模拟相机、数字相机
按输出颜色分	彩色相机、黑白相机
按输出数据速度分	普通速度相机、高速相机

（1）CCD 相机和 CMOS 相机

相机中最重要的组成部件是数字传感器，主要有 CCD（charge-coupled device）和 CMOS（complementary metal-oxide semiconductor）两种重要的传感器技术。两者的主要区别是从芯片中读出数据的方式即读出结构不同，如图 3-21 所示。

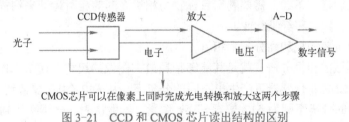

图 3-21　CCD 和 CMOS 芯片读出结构的区别

CCD 在工作时，上百万个像素感光后会生成上百万个电荷，所有的电荷全部经过一个"放大器"进行电压转变，形成电子信号，因此，这个"放大器"就成了一个制约图像处理速度的"瓶颈"。而 CMOS 每个像素点都有一个单独的放大器转换输出，因此 CMOS 没有 CCD 的"瓶颈"问题，能够在短时间内处理大量数据，输出高清影像，因此也能都满足高清摄像的需求。

由于 CMOS 每个像元包含一个光电二极管、一个电荷/电压转换单元、一个晶体管以及一个放大器，导致光电二极管占据的面积只是整个元件的一小部分。过多的额外设备压缩单一像素的有效感光区域的表面积，因此在像素尺寸相同的情况下，CMOS 传感器的灵敏度要低于 CCD 传感器。直接的后果就是低照度环境下，CMOS 无法像 CCD 一样灵敏，成像清晰度大大降低。

CCD 是目前机器视觉最为常用的图像传感器。它集光电转换及电荷存储、电荷转移、信号读取于一体，是典型的固体成像器件。

CMOS 图像传感器将光敏元阵列、图像信号放大器、信号读取电路、模-数转换电路、图像信号处理器及控制器集成在一块芯片上，还具有局部像素的编程随机访问的优点。目前，CMOS 图像传感器以其良好的集成性、低功耗、高速传输和宽动态范围等特点在高分辨率和高速场合得到了广泛的应用。

由各自的特点决定，CCD 更适合于对相机性能要求非常高而对成本控制不太严格的应用领域，如天文、高清晰度的医疗 X 光影像和其他需要长时间曝光且对图像噪声要求严格的科学应用。CMOS 能应用当代大规模半导体集成电路生产工艺来生产，如今 CMOS 的水平使它们更适合应用于要求空间小、体积小、功耗低而对图像噪声和质量要求不是特别高的场合，如大部分有辅助光照射的工业检测应用、安防保安应用和大多数消费型商业数字相机应用。

CCD 和 CMOS 图像传感器各有利弊，在整个图像传感器市场上它们相互竞争又相互补充，在有些时候，两种传感器之间是互补的，可以适用在不同的应用场合。对于工业相机选择传感器的问题，要以满足机器视觉系统需求为标准。

（2）线阵相机与面阵相机

无论是 CCD 还是 CMOS 传感器，都可以制作成线阵和面阵两种结构的相机。

面阵相机是一款以面为单位来进行图像采集的成像工具，可以一次性获得目标的完整图像，且得到的图像直观。广泛应用于目标物体的形状、尺寸等方面的测量。面阵相机可以在短时间内曝光，所以可以用来拍摄高速运动的物体。

线阵相机所拍摄的目标物体通常在一个很长的界面上面。线阵相机的传感器只有一行感光元素，所以线阵相机一般能够拥有非常高的扫描率与分辨率。线阵传感器是以一维感光点构成，每次只能扫描一条线，需要利用目标物与相机之间的相对运动来扫描成像。线阵相机广泛运用于金属、塑料和纤维行业。

（3）普通分辨率相机和高分辨率相机

机器视觉领域的相机分辨率就是其能够拍摄最大图像的尺寸，通常以像素为单位。不同尺寸的 CCD 或 CMOS 传感器可产生出不同的分辨率，从 640×480 像素到 5488×3672 像素等，线阵传感器的分辨率则为 512 像素～16k 像素。一般认为，分辨率达到 1280×720 像素即为高清相机，小于此值的为普通相机。

3.3.3　相机–计算机接口

相机获得图像之后转化为模拟信号或者数字信号。对于模拟信号在相机和计算机之间的传递需要在计算机中安装一块通常称为图像采集卡的专用接口卡。对于数字信号的传递，也需要图像采集卡如 Camera Link、IEEE1394 卡、USB 卡和 GigE（Gigabit Ethernet）千兆网卡。

（1）数字视频信号：Camera Link

　　Camera Link 是机器视觉工业的第一个标准。Camera Link 规范的基本技术是低电压差分信号技术（Low-Voltage Differential Signaling，LVDS）。LVDS 传输两个不同的电压，在接收端进行比较。不同的差值对应于不同的编码。LVDS 的优点是数据的传输速度非常快。Camera Link 规范成为包含线阵相机、高速或高分辨率面阵相机在内的高速数字图像采集的标准。常见的接口有 Camera Link 和 Mini Camera Link 两类，如图 3-22 所示。

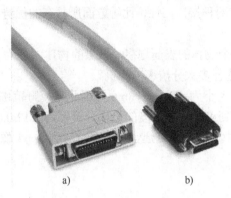

图 3-22　Camera Link 接口

a) Camera Link　b) Mini Camera Link

（2）数字视频信号：IEEE 1394

　　IEEE 1394 又称作火线接口，是高速串行总线标准。最初的标准 IEEE 1394 颁布于 1995年，规定数据传输速度为 98.304Mbit/s、196.608Mbit/s 和 393.216Mbit/s，也就是 12.288MB/s、24.576MB/s 和 49.152MB/s。如图 3-23 所示。

图 3-23　IEEE 1394 接口

（3）数字视频信号：USB 2.0、USB 3.0

　　USB 2.0 支持的传输速度最大为 60MB/s，USB 使用 4 针接插件，一对电缆用于信号传输，另外两个电缆分别用于电源和地线。因此，对于低功耗的电器可以使用电缆提供的电源而无须额外接电源。USB 2.0 规范不包括机器视觉的要求，因此，机器视觉的 USB 相机厂商通常使用自己的传输协议和设备驱动来传输图像。

　　USB 3.0 支持最高 5Gbit/s，有效数据带宽达 350MB/s。USB 3.0 采用了异步通知功能，全双工数据传输，数据包按路线发送而不是广播，零复制（DMA）直接内存访问，能够让带宽得到最佳利用，提高效率。USB 3.0 在工作过程中可以自主判断，根据工作状态自动进入低功耗状态，减少能耗，通知主机延迟容错，保障生产过程安全高效。

（4）数字视频信号：Gigabit Ethernet 千兆网

千兆以太网被广泛应用于高速率（1Gbit/s）应用场景。2006 年机器视觉相机应用层协议得以标准化，被称为 GigE Vision。GigE Vision 标准定义了相机最多可以有 4 个网络接口。如果与其连接的计算机或网络也有 4 个网络接口，数据传输速率可以相应地变为原来的 4 倍。GigE 支持远距离传输和多点传输，技术成熟，鲁棒性强，成本低，但是电缆上没有电源，因此相机需要额外的电源。

USB 3.0 和 GigE 这两种接口在性价比等方面所具有的优势，使得它们成为当前接口的主流。

【例 3-1】 拟检测一个物体的表面划痕，拍摄的物体大小为 10mm×8mm，要求的检测精度为 0.01mm，问需要选择多大分辨率的相机？

答：因为检测的物体大小为 10mm×8mm，因此将视野范围设置为 12mm×10mm。根据检测精度要求，可以得到满足检测精度的最低分辨率为（12/0.01）×（10/0.01）像素，即 120 万像素。而实际应用中，最小检测通常精度要对应到 3～4 像素，因此，需要可选择 400 万像素分辨率的相机。

3.4   相机标定

机器视觉应用通常需要从采集到的图像信息中，精确获取物体在真实三维世界里相对应的信息。相机标定就是建立相机成像模型，实现相机成像平面和三维世界的映射。相机标定后就可以实现高精度测量、矫正镜头畸变、倾斜图像校正、多相机相对位姿关系确定等功能。

3.4.1   相机标定原理

机器视觉应用中，镜头和相机共同实现将三维空间物体表面坐标映射到二维图像坐标上，并最终形成二维图像，最常见的成像模型是针孔相机成像模型。

图 3-24 示意了针孔相机成像模型的原理。图 3-24 中 $P_W(X_W,Y_W,Z_W)$ 为世界坐标系中任意一点，通过镜头、相机映射到像平面的点 $p(u,v)$。

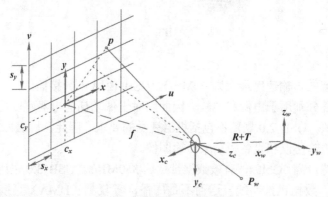

图 3-24　针孔相机成像模型

在相机成像模型中有四个坐标系：世界坐标系(x_w,y_w,z_w)、相机坐标系(x_c,y_c,z_c)、成像平面坐标系(x,y)和图像坐标系(u,v)。相机成像过程就是目标点在这几个坐标系中的转化过程。

1）从世界坐标系到相机坐标系

空间点 $P_W(X_W, Y_W, Z_W)$ 转换到点 $P_c(X_c, Y_c, Z_c)$

$$P_c = RP_W + T \tag{3-1}$$

式（3-1）中，R 是旋转矩阵，T 是平移矩阵。R 和 T 共同构成相机外参，即相机的位姿。

2）从相机坐标系到成像平面坐标系

三维空间点 $P_c(X_c, Y_c, Z_c)$ 从相机坐标系投影到成像平面坐标系中。对于透视相机模型，是透视投影，可以表示为

$$\binom{x}{y} = \frac{f}{Z_c} \binom{X_c}{Y_c} \tag{3-2}$$

其中 f 为镜头的焦距。

式（3-2）的计算结果为理论值，但由于镜头存在畸变，实际的坐标会发生变化。

常见的畸变有径向畸变和偏心畸变。

径向畸变指以透镜的中心为原点，沿着透镜的半径的方向向外延伸，当越靠近中心的位置，畸变越小，反之，畸变越大，典型的径向畸变有桶形畸变和枕形畸变。

偏心畸变是由于多个光学镜头的光轴不能完全共线产生的，偏心畸变是由径向和切向畸变共同构成的。

式（3-3）为基于除法模型的畸变校正公式。

$$\binom{\tilde{x}}{\tilde{y}} = \frac{z}{1 + \sqrt{1 - 4kr^2}} \binom{x}{y}, \quad 其中, \quad r^2 = x^2 + y^2 \tag{3-3}$$

式（3-3）中参数 k 为径向畸变量。k 为负，为桶形畸变，k 为正，为枕形畸变。图 3-25 显示了 k 值对标定板图像的影响。

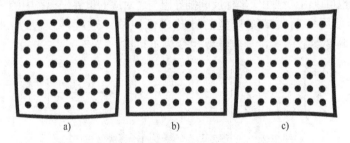

图 3-25　除法模型中的 k 值与径向畸变关系示意图

a) 枕形畸变（$k>0$）　b) 无畸变（$k=0$）　c) 桶形畸变（$k<0$）

除法模型的优势在于相互转换计算都非常简单，按照式（3-4）可以根据成像平面坐标计算出物体在相机坐标系中的坐标。

$$\binom{x}{y} = \frac{1}{1 + k\tilde{r}^2} \binom{\tilde{x}}{\tilde{y}}, \quad 其中, \quad \tilde{r}^2 = \tilde{x}^2 + \tilde{y}^2 \tag{3-4}$$

除了除法模型，还可以使用多项式模型对镜头畸变进行更精确的建模，多项式畸变模型

可模拟径向畸变和偏心畸变，畸变校正见式（3-5）。

$$
\begin{pmatrix} x \\ y \end{pmatrix} = \begin{pmatrix} \tilde{x}(1+k_1\tilde{r}^2+k_2\tilde{r}^4+\cdots)+ \\ [p_1(\tilde{r}^2+2\tilde{x}^2)+2p_2\tilde{x}\tilde{y}](1+p_2\tilde{r}^2+\cdots) \\ \tilde{y}(1+k_1\tilde{r}^2+k_2\tilde{r}^4+\cdots)+ \\ [2p_1\tilde{x}\tilde{y}+p_2(\tilde{r}^2+2\tilde{y}^2)+1](1+p_2\tilde{r}^2+\cdots) \end{pmatrix} \tag{3-5}
$$

与除法模型类似，多项式畸变模型在矫正计算时非常方便，然而其反向计算则相对要复杂很多，这是多项式模型的一点不足。但在大多的实际应用中，通常感兴趣的是把图像坐标系变换到世界坐标系中进行测量，即进行矫正计算，此时多项式模型更有优势。

3）从成像平面坐标系到图像坐标系

映射的最后一步是把成像平面坐标系中的点 $(\tilde{x}, \tilde{y})$ 转换到图像坐标系中，见式（3-6）。其中图像坐标系的单位是像素。

$$
\begin{pmatrix} u \\ v \end{pmatrix} = \begin{pmatrix} \dfrac{\tilde{x}}{s_x}+c_x \\ \dfrac{\tilde{y}}{s_y}+c_y \end{pmatrix} \tag{3-6}
$$

其中，s_x 和 s_y 是缩放比例因子，表示图像传感器上水平和垂直方向上相邻像素之间的间距，点 (c_x, c_y) 则是投影中心在成像平面的垂直投影，同时也是径向畸变的中心点在图像坐标系中的坐标。

根据上面的描述，可将真实世界（世界坐标系）中的任意一点映射到二维图像的成像过程简单总结为图 3-26 和图 3-27 所示。

图 3-26 为使用除法畸变模型，此过程涉及 $R, T, f, k, s_x, s_y, c_x, c_y$ 多个参数，其中，R, T 参数主要是描述相机在世界坐标系中的位姿，称为相机外参，f, k, s_x, s_y, c_x, c_y 参数被称为相机内参，它只与相机内部结构有关，与相机的位置无关。

显然，如果知道了成像模型中的内外参数值，就可以非常方便地由三维空间坐标推导计算得到二维图像坐标，也可以由二维图像坐标反向推导出与之对应的世界坐标系中的三维空间坐标。

图 3-27 则为使用多项式畸变模型的针孔成像流程，过程涉及 $R, T, f, k_1, k_2, \cdots, p_1, p_2, \cdots$，$s_x, s_y, c_x, c_y$，其镜头畸变参数增多，导致计算也变为不可逆。

$$
\begin{pmatrix} X_W \\ Y_W \\ Z_W \end{pmatrix} \xleftrightarrow{R,T} \begin{pmatrix} X_c \\ Y_c \\ Z_c \end{pmatrix} \xleftrightarrow{f} \begin{pmatrix} x \\ y \end{pmatrix} \xleftrightarrow{k} \begin{pmatrix} \tilde{x} \\ \tilde{y} \end{pmatrix} \xleftrightarrow{s_x,s_y,c_x,c_y} \begin{pmatrix} u \\ v \end{pmatrix}
$$

图 3-26 使用除法畸变模型的透视成像过程

$$
\begin{pmatrix} X_W \\ Y_W \\ Z_W \end{pmatrix} \xleftrightarrow{R,T} \begin{pmatrix} X_c \\ Y_c \\ Z_c \end{pmatrix} \xleftrightarrow{f} \begin{pmatrix} x \\ y \end{pmatrix} \xleftrightarrow{k_1,k_2,\cdots,p_1,p_1,\cdots} \begin{pmatrix} \tilde{x} \\ \tilde{y} \end{pmatrix} \xleftrightarrow{s_x,s_y,c_x,c_y} \begin{pmatrix} u \\ v \end{pmatrix}
$$

图 3-27 使用多项式畸变模型的透视成像过程

3.4.2 相机标定过程

相机标定方法有传统相机标定法、主动视觉相机标定法、相机自标定法三种。表 3-4 是各标定方法的比较。

表 3-4　标定方法比较

标定方法	优点	缺点	常用方法
传统相机标定法	可使用于任意的相机模型、精度高	需要标定物、算法复杂	Tsai 两步法、张氏标定法等
主动视觉相机标定法	不需要标定物、算法简单、鲁棒性高	成本高、设备昂贵	主动系统控制相机做特定运动
相机自标定法	灵活性强、可在线标定	精度低、鲁棒性差	分层逐步标定、基于 Kruppa 方程等

相机成像模型从三维空间坐标到二维图像坐标的映射关系可以用下面的方程式来表达。

$$p = f(P_w, \theta_1, \cdots, \theta_n) \tag{3-7}$$

为了求解出方程中的参数值 $\theta_1, \cdots, \theta_n$，需要多组三维空间点 P_w 到二维图像坐标点 p 的映射点对来构造方程组。

在工业机器视觉应用中，使用标定板的传统标定方法是应用最广泛的，它通过具有特定标志点的标定板来构造这样的映射点对：用 M_j 来表示第 j 个标志点在世界坐标系中的坐标，用 m_j 表示第 j 个标志点在二维图像中的坐标。由于标定板是共面的，因此可以将标定板放置在世界坐标系的平面 $z=0$ 中，如图 3-28 所示。

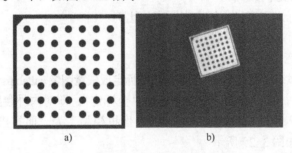

a)　　　　　　　　　　　　b)

图 3-28　使用标定板构造在世界坐标系和图像坐标系中的映射点对

a) 标定板　b) 标定板图像

通过最小化 m_j 与通过投影计算得到理论上的图像坐标 $f(M_j, \theta)$ 之间的距离误差来确定相机参数，见式（3-10）。

$$d(\theta) = \min \sum_{j=1}^{n} \| m_j - f(M_j, \theta) \|^2 \tag{3-8}$$

这是一个非线性最优化问题，因此，需要为待求解参数提供较好的初始值，内参的初始值通常可以在图像传感器以及镜头说明书中得到，外参则可以通过几何学以及标志点投影形成的椭圆尺寸来大致推算。最小化距离误差是成像平面坐标系下的距离误差。

由于相机成像模型中的待解参数过多，只采集一幅标定板图像并不能确定全部参数。因此，可以通过采集多幅不同位置的标定板图像来对相机进行标定。

标定过程涉及标定板的生成与制作、标定板图像标志点中心坐标的提取、世界坐标系中标记点坐标与图像坐标的对应、非线性优化问题的建模与求解等，是一个比较复杂的流程，但是借助成熟的标定工具，相机标定问题可以得到极大的简化。

相机标定的步骤如下。

1）制作标定板。

2）从不同角度拍摄若干张标定板图像。

3）检测出图像中的特征点。

4）求出相机的内参数和外参数。

5）求出畸变系数。

6）优化求精。

3.4.3　案例——用 HALCON 标定助手对相机进行标定

【要求】已知相机镜头焦距 f 为 8mm，相机单个 CCD 像素在水平和竖直两个方向上的尺寸均为 3.75μm，相机为普通透光镜头和面阵相机，对相机进行标定，测量相机的内外参数。

【操作步骤】

1）在 HALCON 中运行 gen_caltab 算子，生成标定板和标定描述文件。

gen_caltab(: : XNum, YNum, MarkDist, DiameterRatio, CalPlateDescr, CalPlatePSFile :)。其中参数含义。

XNum, YNum：标定板上水平、垂直方面的标志点数量。

MarkDist：标志点之间距离。

DiameterRatio：标志点直径占标志点距离的比例。

CalPlateDescr：标定板描述文件。

CalPlatePSFile：标定板图像文件。

2）在 PhotoShop 软件中打开 HALCON 自带的标定板矢量图像 caltab.ps 文件，并打印输出。

3）打开标定助手，在"安装"页面中选择"全标定"，即对内外参数进行标定；在"描述文件"对话框中输入描述文件路径；选择"摄像机模型"为"面扫描"；设置单个像元的高和宽；设置焦距，如图 3-29 所示。

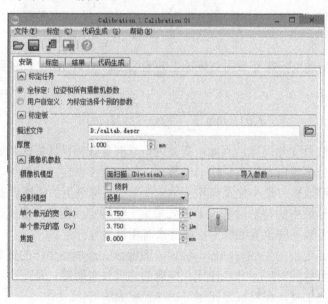

图 3-29　标定参数设置

4）打开"标定"页面，在"图像源"下可以选择"图像文件"，选择标定板照片。或者选择"图像采集助手"，通过相机实时采集标定板照片。完成 20 张图像采集后，单击"标定"按钮，如图 3-30 所示。

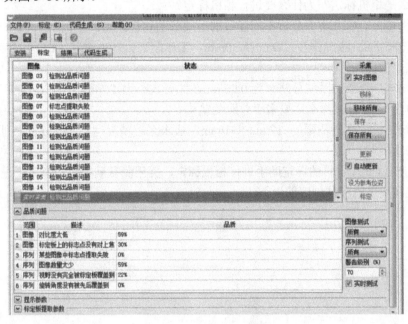

图 3-30　采集标定板图像

5）打开"结果"页面。"摄像机参数"为相机的内参，"摄像机位姿"为相机的外参。单击两个"保存"按钮，保存相机的内外参数。如图 3-31 所示。标定完成。

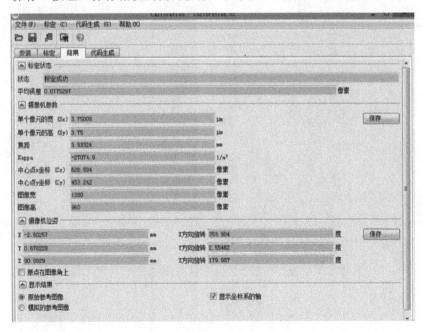

图 3-31　摄像机的标定结果

习题

1. 什么是相机标定？为什么要进行相机标定？

2. 相机接口有哪几类？分析不同接口的适用范围和优缺点。

3. 已知相机的视野范围为 30mm×30mm，工作距离为 100mm，CCD 尺寸为 1/3in，问需要多少焦距的镜头？

4. 已知客户要求的系统分辨率为 0.06mm，像元大小为 4.7μm，工作距离大于 100mm，光源采用白色 LED 灯，那么需要多少焦距的镜头？

5. 已知相机的视野范围为 12mm×10mm，要求系统精度达到 0.02mm，则应该选用多大分辨率的相机？

6. 用 HALCON 自带的标定助手进行相机标定，并用测量助手对一个尺子进行测量，比较测量结果和尺子的标称刻度的误差。

第4章 灰度图像 BLOB 分析

灰度图像是每个像素只有一个采样颜色的图像，这类图像通常显示为从最暗的黑色到最亮的白色的灰度。在计算机视觉领域，灰度图像不同于黑白图像。黑白图像只有两种灰度，灰度图像在黑色和白色之间还有许多级的灰度。

一幅灰度图像通常是由不同灰度的像素组成，图像中灰度的分布情况是该图像的一个重要特征，图像的灰度直方图就描述了图像中灰度的分布情况，能够很直观地展示出图像中各个灰度级所占的比例。

计算机视觉中，BLOB 是指图像中具有相似的灰度、颜色或纹理的一块连通区域。BLOB 分析是通过某种特征将图像分为前景和背景，然后对前景进行连通区域分析，从而得到一个个的 BLOB 块并对其进行分析的过程。比如一张白纸上，如果纸上没有字，灰度非常均匀，那么基本检测不到有意义的区域；如果纸上有字，那么，可以通过灰度的差别检测出有字的区域，从而可以进行后续的字符识别。同理，在机器视觉的各个领域，如 LCD 屏显示质量检测、可乐瓶包装质量检测、药丸胶囊缺陷检测等等都可以利用类似的原理进行实现。

学习目标
- 掌握图像的直方图的概念、灰度图像进行二值化原理和图像的连通区域分析原理。
- 熟悉相应的 HALCON 算子和参数。
- 能够设计简单的 HALCON 程序，实现对图像的直方图统计、二值化操作以及对得到的二值化图像进行 BLOB 分析。

4.1 BLOB 简介

视频5 机器视觉图像处理的步骤

4.1.1 BLOB 的概念

BLOB 分析可以分析图像中连通区域的数量、位置、形状、方向等特征，根据这些特征，可以对目标进行识别。在某些应用中不仅需要利用 BLOB 块的形状特征，还需要分析 BLOB 的特征关系并加以利用。

BLOB 分析的主要过程：首先获取图像，然后根据特征对原始图像进行阈值分割（区分背景像素和前景像素），再对图像中的连通区域进行特征分析，最后求取每个区域的面积、中心、圆度、矩形度等特征值。

BLOB 分析主要包含以下几方面的图像处理技术。
- 阈值分割：BLOB 分析是对封闭区域进行特征分析，因此在进行 BLOB 分析之前，必须对原始图像进行分割以区分目标和背景。而阈值分割是图像处理的一个重要技术，在 HALCON 的 BLOB 分析中提供的阈值分割技术，包括固定阈值和多种动态阈值方法。

- 连通区域分析：连通区域是指图像中具有相同像素值且位置相邻的前景像素点组成的图像区域，连通域分析通过对连通域中每个像素进行标记，让每个单独的连通区域形成一个被标识的块。
- 特征值计算：对每个连通的区域进行特征提取。特征包括面积、周长、重心、圆度、矩形度等。

BLOB 分析主要适用于以下机器视觉应用：二维目标图像、高对比度图像等场景的检测需求。

BLOB 分析不适用于以下机器视觉应用：低对比度图像、不能够用两个灰度表示的特征等场景。

4.1.2　案例——BLOB 分析的方法和步骤

【要求】图 4-1 为 HALCON 中的例图 "particle"，请用 BLOB 分析的方法计算出图中所有灰度值为 120～255 像素构成的 8 连通区域的面积与中心点坐标。

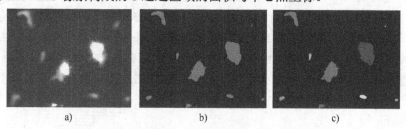

图 4-1　对灰度图像进行阈值分割和连通区域分析
a) 原图　b) 二值化后的图像　c) 连通区域分析后的图像

【分析】BLOB 分析通常应用阈值分割、连通域分析、特征值计算等方法来对目标区域进行分析。其中 HALCON 中的 threshold 算子是对图像进行二值化时最常用的算子，它的原理是通过对像素灰度值的限制，提取出感兴趣的像素，从而将原始图像分割成目标和背景两部分。connection 算子为连通域分析算子，它是将图像中的目标分割成一个个的连通区域。而 area_center 算子则是对各个区域进行面积计算，分别计算出各个区域所包含的像素个数及其中心点的坐标。

图 4-1 为一幅灰度图像经过了 threshold 算子和 connection 算子处理的情况，其中图 4-1a 为输入图像，图 4-1b 为经过 threshold 算子处理之后的区域图像（这里的目标区域是作为整体存在的），图 4-1c 为经过 connection 算子处理之后的连通区域图像，在 HALCON 中会对各个连通区域分别用不同的颜色表示。

【源代码】

```
read_image(Image,'particle')
threshold(Image, BrightPixels,120,255)//阈值分割
connection(BrightPixels,Particles)//连通域分析
area_center(Particles,Area,Row,Column)//特征值计算
```

4.2　灰度直方图

4.2.1　灰度直方图的概念

　　灰度直方图是关于图像灰度级分布的函数，是对图像中灰度级分布的统计。灰度直方图将数字图像中的所有像素，按照灰度值的大小，统计其出现的频率。灰度直方图是灰度级的函数，它表示图像中具有某种灰度级的像素的个数，反映了图像中某种灰度出现的频率，其中，横坐标是灰度级，纵坐标是该灰度级出现的频率。图像的灰度直方图描述了一幅图像的概貌。如图 4-2 所示，右图为左图的灰度直方图。在 HALCON 中，菜单栏就有显示图像直方图的工具。方法是在图形窗口中打开一幅图像后，在图像区域单击鼠标右键，选择"灰度直方图"即可显示出该图像的直方图。

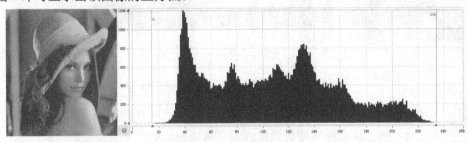

图 4-2　灰度直方图

4.2.2　灰度直方图与图像清晰度的关系

　　图 4-3 显示了四幅不同的图像（暗图像、亮图像、低对比度图像、高对比度图像）和它们的直方图。

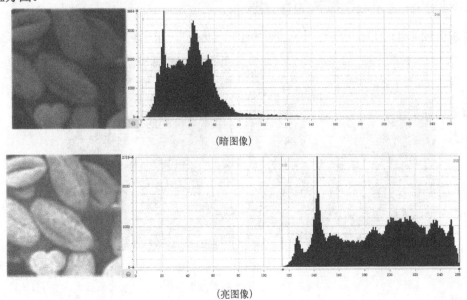

（暗图像）

（亮图像）

图 4-3　四种图像类型及其对应的直方图

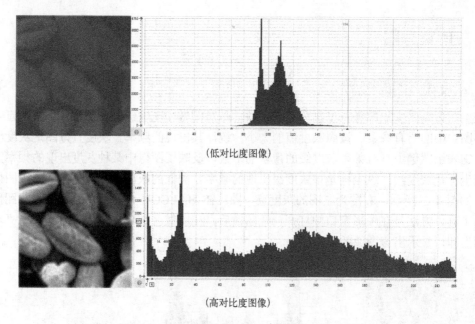

（低对比度图像）

（高对比度图像）

图 4-3   四种图像类型及其对应的直方图（续）

从图 4-3 中可以看出，在暗图像中，直方图集中在灰度级低的一侧。亮图像的直方图则倾向于灰度级高的一侧。低对比度图像的直方图分布狭窄而集中于灰度级的中部，而在高对比度的图像中，直方图的成分覆盖了灰度级很宽的范围，而且像素的分布较均匀。因此，可以直观地得出结论：若一幅图像的像素值覆盖了全部可能的灰度级并且分布均匀，则这样的图像具有高对比度和多变的灰度色调。这样的图像就可以展现一幅灰度级丰富且动态范围大的图像。

4.2.3   案例——显示灰度图像的直方图

【要求】图 4-4a 为 HALCON 中自带的例图 "fabric"，求出它的灰度直方图并显示。

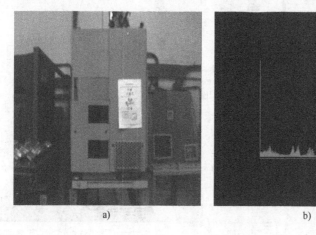

a)   b)

图 4-4   "fabric" 和灰度直方图

【源代码】

```
++++++++++++++++++++++++++++++++++++++++++++++++++++++++++++++
dev_close_window ()
dev_open_window (0, 0, 512, 512, 'black', WindowHandle)
read_image (Image, 'fabric')
threshold (Image, Region, 0, 255)
*生成图像的灰度直方图，形成两个数组：AbsoluteHisto 为灰度的绝对数量
*RelativeHisto 为灰度的相对比率。
gray_histo (Region, Image, AbsoluteHisto, RelativeHisto)
*根据 RelativeHisto 中的数值，绘制出灰度直方图，显示于图 4-4b 中
gen_region_histo (Histo1, RelativeHisto, 255, 255, 1)
dev_clear_window ()
dev_display (Histo1)
++++++++++++++++++++++++++++++++++++++++++++++++++++++++++++++
```

4.3　阈值分割

4.3.1　全局固定阈值分割

　　全局固定阈值分割，也叫图像的"二值化"，即对整幅图像都采用一个固定的阈值范围来进行二值化。该方法的基本思想是：假设图像中有明显的目标和背景，其灰度值呈明显的双峰分布时，选取合适的灰度值作为阈值进行分割，可以得到比较好的效果。上述思想可以用式（4-1）表示：

$$R' = \{(x, y) \in R \mid g_{\min} \leqslant g(x, y) \leqslant g_{\max}\} \tag{4-1}$$

　　其中 R 为图像，R' 为目标区域，$g_{\min}$ 和 $g_{\max}$ 为固定阈值，(x, y) 为像素的坐标。

　　在 HALCON 中的对应算子为 threshold (Image : Region : MinGray, MaxGray :)，其中参数含义如下。

- Image：输入的灰度图像。
- Region：阈值分割后得到的目标区域。
- MinGray：灰度值的下限，相当于 $g_{\min}$。
- MaxGray：灰度值的上限，相当于 $g_{\max}$。
- Threshold 算子是 HALCON 中速度最快，使用频率最高的分割算法，如果原始图像中目标和背景之间存在灰度差，则应首先考虑使用 threshold 算子来进行分割。

　　一般来说，threshold 算子的输入是灰度图像，它可以实现对灰度图像的分割。当输入是彩色图像时，threshold 默认是对第一通道的颜色分量进行基于灰度值的分割。

　　灰度图像经过 threshold 处理后，输出不再是以矩阵形式表示的 Image，而是区域变量 region。这里引入了二值图像来表示区域 Region，它可以理解为符合某些性质像素的子集，其中用灰度值 0 表示不符合要求的点，而用灰度值 1 表示符合要求也即在区域内的点。Region 的形状可以是任意大小任意形状，极端地来讲，单独一个像素也可以是一个 region，

整幅图像也可以是一个大的 region。

  HALCON 中可以直接在程序编辑器中输入代码，实现阈值分割，也可以通过工具栏上的"打开灰度直方图"工具实现图像阈值分割。

4.3.2 案例——用"灰度直方图"工具对图像进行二值化

  【要求】4-5 为 HALCON 中的例图"clip"，请用 HALCON 自带的灰度直方图工具对它进行二值化。

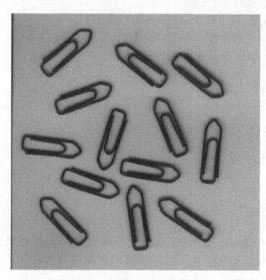

图 4-5 例图"clip"

【操作步骤】

1）在 HALCON 中的算子窗口中输入"clip"打开图片，如图 4-6 所示。

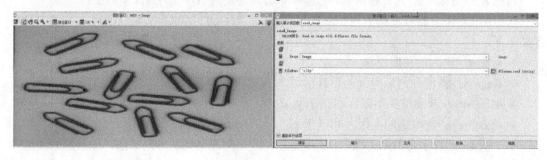

图 4-6 打开图片

  2）在 HALCON 界面上方的工具栏上找到"灰度直方图"工具按钮，如图 4-7 所示。

图 4-7 "灰度直方图"工具按钮

3）打开"灰度直方图"设置界面，单击阈值前的"×"，拖动图中左右两条竖线，设置灰度区间，如图 4-8 所示。

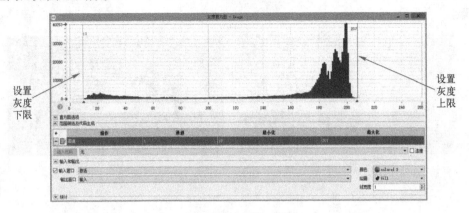

图 4-8　灰度区间设置

4）拖动上图中的两条竖钱，同时在图形窗口观察效果，得到理想图像后停止。

5）单击"插入代码"，生成相关代码并插入到程序中。

4.3.3　动态阈值分割

在很多实际场景中，由于背景不均匀，难以确定全局阈值，固定全局阈值的方法就不再适用。此时如果目标像素常常表现为比背景像素亮一些或者暗一些，那么可以考虑通过像素与其邻域的灰度值的比较，找出合适的阈值进行分割，这种分割方法称为动态阈值分割。这种方法可以通过式（4-2）表示。

设 s 为平滑后的输入图像。

$$R' = \{(x,y) \in R \,\|\, g(x,y) - s(x,y) \geqslant t\} \tag{4-2}$$

其中 R 为图像，R 为目标区域，(x,y) 为像素，$g(x,y)$ 为像素灰度值。设 s 为 R 平滑后的图像。

在 HALCON 中动态阈值分割的算子是 dyn_threshold，它的命令格式为：

dyn_threshold (Image, ThresholdImage, RegionDynThresh, offset, LightDark)，其中参数含义如下。

- Image：输入的灰度图像。
- ThresholdImage：参考图像（一般是对 Image 进行平滑滤波后得到的图像）。
- RegionDynThresh：输出的分割后的图像。
- Offset：用来设定邻域比较的区间范围；待分割图像通过与参考图像对比，当灰度值变化在 offset 范围内是可以接受的。
- LightDark：设置寻找比背景亮或者暗的区域。

4.3.4　案例——圆点检测

【要求】图 4-9a 为 HALCON 中的例图 "embossed_01"，请检测出图中的圆点。

【分析】图 4-9a 中图像明暗不均，不存在适合全局的固定阈值。因此，采用动态阈值，即原图中每个像素与其平滑后的参考图像对应像素作对比，如果差值超过阈值，则确定为目标像素。

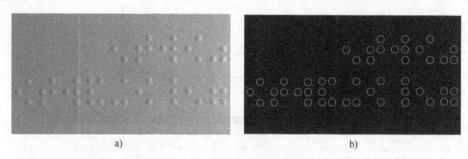

a)   b)

图 4-9   圆点

【源代码】

```
++++++++++++++++++++++++++++++++++++++++++++++++++++++++++++++++++
read_image (Image, 'photometric_stereo/embossed_01')
* 对图像进行均值滤波
mean_image (Image, ImageMean, 59, 59)
*将原图与均值滤波后的图像作比对，两者对应像素灰度值超过 15 的，确定为目标像素
dyn_threshold (Image, ImageMean, RegionDynThresh, 15, 'not_equal')
*对分割后的目标图像作开闭运算，得到完整的圆点。结果如图 4-9b 所示
closing_circle (RegionDynThresh, RegionClosing, 8.5)
opening_circle (RegionClosing, RegionOpening, 6.5)
connection (RegionOpening, ConnectedRegions)
smallest_circle (ConnectedRegions, Row, Column, Radius)
gen_circle_contour_xld (ContCircle, Row, Column, Radius, 0, 6.28318, 'positive', 1)
++++++++++++++++++++++++++++++++++++++++++++++++++++++++++++++++++
```

4.4   连通区域分析

4.4.1   连通区域分析的原理

在进行了阈值分割后，图像像素要么属于背景，要么属于目标，但是这些目标有可能是分散的、不相连的，在后续的处理和分析中，往往需要对相连的区域进行分析，因此必须先要从目标像素中找到连通区域。

为了能够计算出连通区域，首先必须定义在什么情况下两个像素可以被视为彼此连通。在图像处理中，连通可以是四邻域（即像素的上下左右四个像素点，如图 4-10a 图所示），也可以是八邻域（即包括上下左右和左上、右上、左下、左下共八个像素点，如图 4-10b 图所示），在 HALCON 中，默认为八邻域。

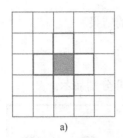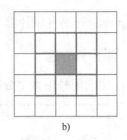

图 4-10　四邻域和八邻域示意图

基于行程标记的方法是连通区域分析中常用的方法，其过程描述如下。

1）对图像进行二值化，区分目标像素和背景像素。

2）对二值图进行逐行扫描，将每行中连续的目标像素组成行程，记下每个行程的起点、终点，从 1 开始，给每个行程赋予标号。

3）对于除了第一行外的所有行程，如果它与前面所有行程不存在连通关系，则将它所在的行号作为行程的标号；如果它仅与上一行中的一个行程存在连通关系，则将与其相连通的行程的标号，作为它的标号；如果它与上一行 2 个以上的行程存在连通关系，则将与其相连通行程的最小标号作为它的标号，并将所有与其相连通行程的标号写入等价对，说明它们属于一类。最后，将所有等价对转换为等价序列，从 1 开始，给每个等价序列一个相同标号。图 4-11 说明了一个连通区域分析的过程。

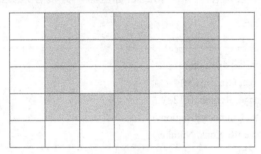

图 4-11　连通区域分析示例

1）先对图像进行二值化，黑色为目标像素，白色为背景。

2）对第一行进行扫描，得到三个行程：[2,2]、[4,4]、[6,6]，将它们分别标记为 1、2、3 号。

3）对第二、三行进行扫描，又分别得到三个行程，它们都与第一行的行程存在连通关系，所以用第一行的行程分别作标记，即 1、2、3 号。

4）对第四行扫描，发现两个行程：[2,4]、[6,6]。[2,4]与 1、2 号行程有连通关系，记录为 1 号，将 1、2 号行程记录为等价对；[6,6]与 3 号行程有连通关系，标记为 3 号。

5）将行程从 1 开始重新编号，将等价对列表中相连的行程分配相同标号，重新扫描，给所有像素重新赋予新的标号。

HALCON 中用于进行连通域分析的算子是 connection(Region : ConnectedRegions : :)，其中的参数含义如下。

● Region：输入的二值化图像。

● ConnectedRegions：连通区域计算后输出的结果。

4.4.2　案例——分割图中的数字

【要求】将图 4-12 中的阿拉伯数字分割出来并分别显示。

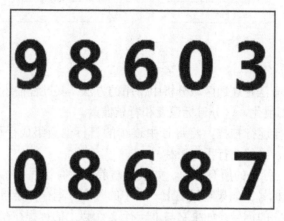

图 4-12　阿拉伯数字

【分析】先对图 4-12 二值化，将数字与背景分割开来；对得到的前景区域进行连通区域分析，将彼此不相连的数字分割开来，得到目标区域，分别存入数组中。

【源代码】

```
++++++++++++++++++++++++++++++++++++++++++++++++++++++++++++++
read_image (Image, '图 4-12.png')
rgb1_to_gray (Image, GrayImage)
threshold (GrayImage, Region, 0,128)
connection (Region, ConnectedRegions)
count_obj (ConnectedRegions, Number)
for i:= 1 to Number by 1
    select_obj (ConnectedRegions, ObjectSelected, i)
    dev_display (ObjectSelected)
stop ()
endfor
++++++++++++++++++++++++++++++++++++++++++++++++++++++++++++++
```

4.5　特征值计算

4.5.1　BLOB 分析中的常用特征值

在实际应用中常常要对连通区域分析之后得到的区域进行特征值计算。常用的特征包括面积、中心点坐标、角度、轮廓线总长、连通数、区域内洞数等。HALCON 中对应算子如表 4-1 所示。

表 4-1　HALCON 中区域特征值算子

区域特征	算子	说明
面积、中心点坐标	area_center(Regions : : : Area, Row, Column)	输入参数：Region——区域 输出参数：Area——区域面积；Row, Column——区域中心坐标
区域周长	contlength(Regions : : : ContLength)	输入参数：Region——区域 输出参数：ContLength——区域周长
区域角度	orientation_region(Regions : : : Phi)	输入参数：Region——区域 输出参数：Phi——角度
连通区域数、孔洞数	connect_and_holes(Regions : : : NumConnected, NumHoles)	输入参数：Region——区域 输出参数：NumConnected——连通区域个数；NumHoles——孔洞数
圆度	circularity(Regions : : : Circularity)	输入参数：Region——区域 输出参数：Circularity——圆度
矩形度	rectangularity(Regions : : : Rectangularity)	输入参数：Region——区域 输出参数：Rectangularityy——矩形度

此外，HALCON 还可以通过 region_features(Regions : : Features : Value)获得区域的特征值，其中的 Features 为特征。表 4-2 为常用的特征列表。

表 4-2　常用的特征列表

特征	说明	特征	说明
area	对象的面积	bulkiness	椭圆参数，蓬松度 $\pi*Ra*Rb/A$
row	中心点的行坐标	struct_factor	椭圆参数，Anisometry*Bulkiness-1
column	中心点的列坐标	outer_radius	最小外接圆半径
width	区域的宽度	inner_radius	最大内接圆半径
height	区域的高度	inner_width	最大内接矩形宽度
row1	左上角行坐标	inner_height	最大内接矩形高度
column1	左上角列坐标	dist_mean	区域边界到中心的平均距离
row2	右下角行坐标	dist_deviation	区域边界到中心距离的偏差
column2	右下角列坐标	roundness	圆度，与 circularity 计算方法不同
circularity	圆度	num_sides	多边形边数
compactness	紧密度	connect_num	连通数
contlength	轮廓线总长	holes_num	区域内洞数
convexity	凸性	area_holes	所有洞的面积
rectangularity	矩形度	max_diameter	最大直径
ra	等效椭圆长轴半径长度	orientation	区域方向
rb	等效椭圆短轴半径长度	euler_number	欧拉数，即连通数和洞数的差
phi	等效椭圆方向	rect2_phi	最小外接矩形的方向
anisometry	椭圆参数，Ra/Rb 长轴与短轴的比值	rect2_len1	最小外接矩形长度的一半

BLOB 分析中常利用区域特征值的不同来对目标区域进行分割。可以通过输入算子，也常常用自带的"特征直方图"工具。

4.5.2 "特征直方图"工具

视频 6　特征直方图

HALCON 自带的"特征直方图"工具可以根据区域的特征值对目标图像进行分割，操作类似于灰度直方图。其操作步骤如下。

1）读取图像。

2）对图像进行二值化，得到前景区域。

3）对目标区域进行分析，获得各个连通区域。

4）单击 HALCON 界面上方工具栏上的"特征直方图"按钮，如图 4-13 所示，打开"特征直方图"设置界面。

图 4-13　"特征直方图"按钮

5）单击特征字段下方"area"左边的"×"号，在下拉列表中选择特征，如图 4-14 所示。通过拖动左右两条线来设置特征值区间。

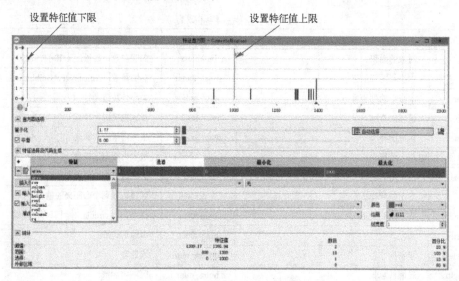

图 4-14　"特征直方图"设置界面

6）观察图形窗口中目标区域变化，达到理想效果后停止拖动，单击"插入代码"按钮，生成相应的代码。

4.5.3　案例——从标定板中分割出圆点

【要求】图 4-15 为 HALCON 自带的"calib_07.png"图片，该图为一标定板的图像，请从图中分割出圆点。

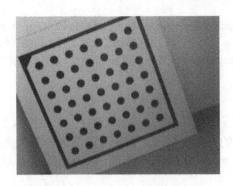

图 4-15　"calib_07.png" 图片

【分析】

　　本次任务的目标是分割出圆点，因此在 BLOB 分析后，可以在特征直方图中选择圆度特征，将全部圆点从背景中分割出来，再选择面积特征，将圆点与其他噪声点分离出来，设置界面如图 4-16 所示，图 4-17 为分割后得到的圆点。

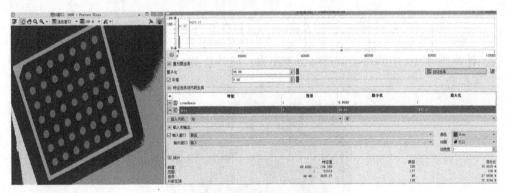

图 4-16　特征直方图设置界面

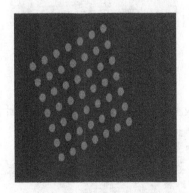

图 4-17　分割后得到的圆点

【源代码】

```
read_image (Image, 'calib_07.png')        //打开图像
threshold (Image, Regions, 25, 89)         //将前景和背景分割
connection (Regions, ConnectedRegions)    //连通域分析
```

select_shape (ConnectedRegions, SelectedRegions, ['roundness','area'], 'and', [0.9066,44.48], [1,3425.27])
//特征直方图工具生成的代码，按圆度和面积分割出圆点
area_center (SelectedRegions, Area, Row, Column)   //计算出所有圆点的坐标

习题

1. 打开如图 4-18 中的五角星图片，由于某种原因，导致图片效果不好，周围有些黑点，内部也出现了些白点，要求把这些区域去掉，恢复完美五角星图案。

图 4-18   五角星（HALCON 中自带的"pentacle"图像）

2. 请将图 4-19 中的每个回形针分割出来，统计总共有多少个回形针，并分别计算出它们的位置信息。

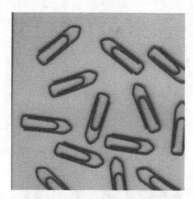

图 4-19   回形针（HALCON 中自带的"clip"图像）

3. 计算图 4-20 中的标定板上总共有多少个黑色原点，并计算所有黑色圆点的平均面积。

图 4-20   标定板（HALCON 中自带的"caltab"图像）

4．输入一幅灰度图像，使用不同的阈值分割方法进行处理，比较不同方法的处理结果，分析其适用场合和优缺点。

5．图 4-21 为手写字母表，请将字母从背景中分割出来。

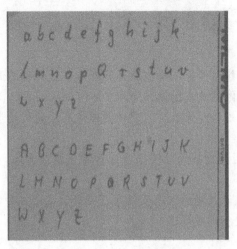

图 4-21　手写字母表（HALCON 中自带的"alpha2"图像）

第5章 图 像 滤 波

图像实质上是一种二维信号，图像滤波是指在尽可能保留图像细节特征的条件下对目标图像的噪声进行抑制。图像滤波是图像预处理中不可缺少的操作，滤波的好坏，直接影响后续图像处理和分析的有效性和可靠性，它是很多图像算法的前置步骤和基础。

学习目标
- 掌握灰度图像空间域滤波的原理以及三种常见滤波方法：中值滤波、均值滤波和高斯滤波。
- 掌握灰度图像频域滤波的原理以及低通、带通、高通三种常见的滤波方法。
- 练习对灰度图像进行滤波处理。

5.1 图像滤波简介

由于受到诸如光学系统失真、系统噪声以及曝光不足或者过量等因素的影响，导致图片存在噪声或者模糊，从而对后续的图像处理造成影响。在这种情况下，有必要对图像进行去噪处理。简单地说，即在尽量保留图像细节特征的条件下对目标图像的噪声进行抑制。图像滤波的方法主要分为两大类：空间域方法和频域方法。空间域方法是以对图像的像素直接进行处理为基础，包括均值滤波、中值滤波、高斯滤波等；频域方法则是以修改图像在傅里叶变换空间的值为基础的，包括高通滤波、低通滤波、同态滤波等。

5.2 空间域图像滤波

图像的空间域处理是指处理构成图像的每个像素，也就是直接对像素的值进行操作的过程。

空间域图像处理可以由式（5-1）进行定义：

$$g(x,y)=T[f(x,y)] \qquad (5\text{-}1)$$

其中 $f(x,y)$ 为输入图像，$g(x,y)$ 为处理后的图像，T 是对输入图像 $f(x,y)$ 的某种操作。这个操作可以是对单个像素的操作，也可以是对以某个像素为中心的一个邻域的操作。一个点 (x,y) 的邻域是指中心在点 (x,y) 的正方形或矩形的区域中的所有像素，如图 5-1 所示即为点 (x,y) 的 3×3 邻域。将 T 操作运用到点 (x,y) 的邻域可以得到在该点的输出 $g(x,y)$。可以将这个矩形框从左上角逐像素移动到右下角，对每个位置的图像像素进行 T 操作，从

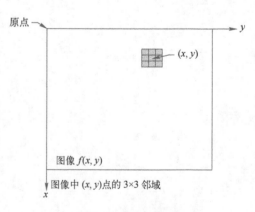

视频7 空间域
图像滤波

图 5-1 邻域示意图

而得到整幅输出图像。

图 5-1 中显示对某个像素的 3×3 邻域进行操作，T 操作最简单的形式是邻域大小为 1×1，即输出仅与单个像素点有关系，在图像任一点的输出仅仅依赖于该点的灰度值，这类处理通常被称作点处理。

基于空间的灰度图像滤波主要是借助一个模板图像对输入图像的一个邻域进行处理。根据它的功能不同可以分为两大类：一类叫作图像平滑，做法是对图像进行低通滤波，其目的是模糊或者消除图像中的噪声；一类是图像锐化，做法是对图像进行高通滤波，其目的是增强被模糊的图像细节信息。

无论是平滑还是锐化，都是利用模板卷积运算实现的。实现步骤如下。

1）将模板在图中滑动，并将模板中心与图中某个像素位置重合。

2）将模板上的系数与模板下对应的图像像素相乘。

3）将所有乘积相加。

4）将和赋值给图中对应模板中心位置的像素作为输出。

图像在传输过程中，由于各种干扰的影响，基本上每幅图像都包含某种程度的噪声。在大多数情况下，图像噪声的特点是空间不相关的，而图像的灰度应该是相对连续变化的，一般不会突然变大或者变小，因此噪声点与其邻近的像素显著不同。图像中的噪声可以通过图像空间滤波对低频分量进行增强，同时削弱图像的高频分量来达到抑制噪声的作用。常用的空间滤波方法有均值滤波、高斯滤波和中值滤波法。

5.2.1　均值滤波

均值滤波是一种线性平滑滤波。它的基本思想是用邻域几个像素灰度值的平均值来代替一个像素原来的灰度值。这种处理减小了图像灰度的尖锐变化，由于典型的随机噪声就表现为灰度级的尖锐变化，因此，这种方法可以实现图像的减噪和平滑。

有一幅待平滑处理的图像 $f(x,y)$，在图像中为了获取点 (x,y) 经过平滑处理后的值 $g(x,y)$，可以使用一个大小为 $M×N$ 的窗口 S，这个窗口 S 即为点 (x,y) 的邻域，可以根据窗口内各像素点的灰度的平均值确定 $g(x,y)$ 的值。均值滤波就是将当前像素邻域内各像素的灰度平均值作为其输出值的去噪方法。其过程如图 5-2 所示，其中图 5-2a 为待平滑图像，图 5-2b 为模板，图 5-2c 为结果，图 5-2a 的阴影部分经均值滤波后，在对应位置输出的值为 51。

72	72	63	63	18	18	18
72	63	36	45	72	18	18
0	9	72	72	72	45	45
9	63	45	45	72	72	45
72	63	63	45	27	81	45
72	72	72	36	45	81	81
81	0	0	0	81	45	18

a)

1/9	1/9	1/9
1/9	1/9	1/9
1/9	1/9	1/9

b)

	51					

c)

图 5-2　均值滤波示例图

均值滤波算法简单，但是由于图像中自然存在的边缘也反映图像中灰度的尖锐变化，所以均值滤波的主要缺点是在降低噪声的同时会使图像变模糊，特别是在图像中的物体边缘和细节处更加明显。而且做均值滤波时所使用的邻域越大，在去噪能力增强的同时图像模糊程度越严重。均值滤波可以用于对图像进行预处理，比如，在提取大的目标之前去除图像中一些琐碎的细节、桥接直线或曲线的缝隙。

在 HALCON 中均值滤波的算子为 mean_image，其命令格式为：

mean_image(Image : ImageMean : MaskWidth, MaskHeight :)

其中参数含义如下。

- Image：待滤波的图像。
- ImageMean：均值滤波后的图像。
- MaskWidth：模板宽度。
- MaskHeight：模板高度。

均值滤波算法中将邻域中所有的点都参与均值计算，因此如果噪声点很多，而且噪声点的灰度值与原本的图像像素值相差比较大，比如椒盐噪声，那么均值滤波的效果就很不理想。图 5-3 显示了均值滤波对存在椒盐噪声图像的处理结果。

图 5-3　图像平滑示意图

a) 原图　b) 椒盐噪声　c) 3×3 邻域均值滤波　d) 7×7 邻域均值滤波

图 5-3a 为原图，图 5-3b 为对图 5-3a 图像加了椒盐噪声的图像，图 5-3c 为对图 5-3b 进行 3×3 邻域均值滤波后的结果；图 5-3d 为对图 5-3b 进行 7×7 邻域均值滤波后的结果。可以看出，模板尺寸越大，图像模糊得越严重。为克服简单局部平均法的弊病，目前已提出许多保边缘、细节的局部平滑算法。它们的出发点都集中在如何选择邻域的大小、形状和方向、参加平均的点数以及邻域各点的权重系数等。

均值滤波的一个重要应用是给感兴趣的区域一个粗略的描述，它可以与动态阈值分割配合使用，来处理光线不均匀图像的二值化。

5.2.2　案例——均值滤波器的应用

【要求】图 5-4a 为 HALCON 中的例图 "circular_barcode"，在图中添加噪声（图 5-4b），用不同大小模板对图像进行均值滤波，观察比较滤波效果。

a)　　　　　　　　　　　　　　　　　b)

图 5-4　例图 "circular_barcode"

【分析】根据均值滤波的原理可知，不同大小的模板的降噪能力不同，模板越大，则降噪能力强，但同时也会损失图像的边缘信息。图 5-5a～c 分别为模板尺寸为 3×3、6×6 和 9×9 的均值滤波处理后的结果。

a)　　　　　　　　　　b)　　　　　　　　　　c)

图 5-5　不同大小模板均值滤波结果

【源代码】

```
++++++++++++++++++++++++++++++++++++++++++++++++++++++++++++++++++
dev_close_window ()
dev_open_window (0, 0, 512, 512, 'black', WindowHandle)
read_image (Image, 'circular_barcode')
add_noise_white (Image, ImageNoise, 60)
dev_open_window (0, 0, 512, 512, 'black', WindowHandle)
mean_image (ImageNoise, ImageMean, 3, 3)
dev_display (ImageMean)
```

```
dev_open_window (0, 0, 512, 512, 'black', WindowHandle)
mean_image (ImageNoise, ImageMean, 6, 6)
dev_display (ImageMean)
dev_open_window (0, 0, 512, 512, 'black', WindowHandle)
mean_image (ImageNoise, ImageMean, 9, 9)
dev_display (ImageMean)
+++++++++++++++++++++++++++++++++++++++++++++++++++++++++++++++++++++++++++++++
```

5.2.3 高斯滤波

高斯滤波就是对整幅图像进行加权平均的过程，每一个像素点的值，都由其本身和邻域内的其他像素值经过加权平均后得到。可以理解为用一个模板（或称卷积、掩模）扫描图像中的每一个像素，用模板确定的邻域内像素的加权平均灰度值去替代模板中心像素点的值。

高斯模板实际上也就是模拟高斯函数的特征，具有对称性并且数值由中心向四周不断减小。高斯滤波器是一种带权的平均滤波器，适用于消除高斯噪声，广泛应用于图像处理的减噪过程。高斯函数是正态分布的密度函数。正态分布是一种钟形曲线，越接近中心，取值越大，越远离中心，取值越小。图 5-6 为高斯函数示意图。

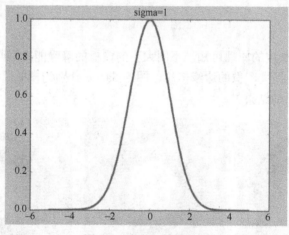

图 5-6　高斯函数示意图

高斯函数的模板根据高斯函数计算得到。通过以模板的中心位置为坐标原点进行取样，将模板中各个元素的坐标代入高斯函数，得到的值就是模板的系数。图 5-7 为 3×3 模板和 5×5 模板。

a) $\frac{1}{16}\times$

1	2	1
2	4	2
1	2	1

b) $\frac{1}{273}\times$

1	4	7	4	1
4	16	26	16	4
7	24	41	26	7
4	16	26	16	4
1	4	7	4	1

图 5-7　高斯模板

高斯滤波的具体操作：用模板扫描图像中的每一个像素，用模板确定的邻域内像素的加权平均灰度值替代模板中心像素点的值。如图 5-2a 中阴影部分，用 3×3 的高斯模板计算后，模板中心对应像素点的值为 52.3。

在 HALCON 中均值滤波的算子为 gauss_filter，其命令格式为：

　　gauss_filter(Image : ImageGauss : Size :)

其中参数含义如下。

- Image：待滤波的图像。
- ImageGauss：均值滤波后的图像。
- Size：模板的大小。

5.2.4　中值滤波

均值滤波和高斯滤波均属于邻域平均法，它们在对噪声抑制的同时也会使得图像变得模糊，即图像的细节和边缘信息会被削弱。如果既要抑制噪声又要保持细节，可以使用统计排序滤波方法。统计滤波器是一种非线性的滤波器，它根据图像滤波器包围的图像区域中像素的排序结果来决定滤波后的像素值。统计滤波器中最常见的是中值滤波器。顾名思义，它是将像素邻域内灰度值排序后以中值代替该像素的值。中值滤波器的主要功能是使拥有不同灰度的点看起来更接近它的临近值，或者说去除那些相对于其邻域像素更亮或者更暗，并且其区域小于滤波器尺寸一半的孤立像素集。

中值滤波的具体实现步骤如下。

1）将窗口在图中移动。

2）读取窗口内各对应像素的灰度值。

3）将这些灰度值从小到大排成一列。

4）找出这些值中排在中间的一个。

72	72	63
72	63	36
0	9	72

5）将这个中间值赋给对应窗口中心位置的像素。

如对图 5-8 中灰色区域进行中值滤波，则先将图中灰度值进行

图 5-8　中值滤波示例

排序，得到序列 {72、72、72、72、63、63、36、9、0}，将排在中间的灰度值作为滤波的输出，最终滤波后输出为 63。

在 HALCON 中，中值滤波算子为 median_image，算子的命令格式为：

　　median_image（Image:ImageMedian:MaskType, Radius, Margin:）

其中参数含义如下。

- Image：待处理图像。
- ImageMedian：中值滤波后的图像。
- Masktype：可以用来选择中值滤波的模板，可以选择 circle（圆）、square（方形）。
- Radius：模板的大小。
- Margin：边缘像素处理方法，可以选的值有'gray value'（固定值）、'continued'（边界元素的延续）、'cyclic'（图像边界像素的周期性延续）、'mirrored'（边界像素的镜像）等。

5.2.5　三种空间滤波方法的比较

　　图像传感器 CCD 和 CMOS 采集图像过程中，由于受传感器材料属性、工作环境、电子元器件和电路结构等影响，会引入各种噪声。噪声在图像上常表现为孤立像素点或像素块。噪声信号与要研究的对象不相关，但它以无用的信息形式出现，会降低图像的清晰度。常见的图像噪声有高斯噪声、泊松噪声、乘性噪声、椒盐噪声等。

　　图 5-9a 为高斯噪声，图 5-9b 为椒盐噪声。高斯噪声是指它的概率密度函数服从高斯分布（即正态分布）的一类噪声。椒盐噪声又称脉冲噪声，它随机改变一些像素值，在图像上显示为黑白相间的亮暗点噪声。

a)　　　　　　　　　　　　　　　　　　　b)

图 5-9　图像噪声类型

　　图像滤波是图像预处理的重要环节，不同的滤波器适用于不同的噪声。图 5-10a～c 和图 5-11a～c 分别为均值滤波、高斯滤波、中值滤波对含有高斯噪声图像以及椒盐噪声图像的处理结果。

a)　　　　　　　　　　　b)　　　　　　　　　　　c)

图 5-10　三种滤波算法对高斯噪声图像处理结果

a)　　　　　　　　　　　b)　　　　　　　　　　　c)

图 5-11　三种滤波算法对椒盐噪声图像的处理结果

　　从结果上看，三种滤波方法相比有以下特点：

　　（1）对大的边缘强度，中值滤波的保持边缘信息的能力较另外两种滤波方法要强得多，而对于较小边缘高度，三种滤波只有很少差别。

（2）中值滤波可以去除孤立线或点干扰，在处理椒盐噪声方面有很好的效果，但对高斯噪声的平滑效果则不如高斯滤波。

5.2.6　案例——分析液体中的颗粒

【要求】图 5-12a 为 HALCON 中附带的例图 "particle"。图中为某种液体，里面悬浮了微小颗粒，请分析出液体中的颗粒。

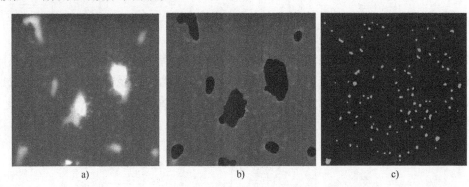

a)　　　　　　　　　　　　　　　b)　　　　　　　　　　　　　　　c)

图 5-12　悬浮着颗粒的液体

a) 悬浮着颗粒的液体　b) 去除大块明亮物体　c) 悬浮着的颗粒

【分析】图 5-12 中存在两种类型的对象：大明亮物体和较低的小物体（颗粒）。图像整体上亮度分布不均匀，难以分割需要的全局阈值。先将大明亮物体等不需要检测的部分去除（图 5-12b），再对图像做灰度动态阈值分割，得到需要的内容（图 5-12c）。

【源代码】

```
+++++++++++++++++++++++++++++++++++++++++++++++++++++++++++++++++++++++
*获取图像
read_image (Image, 'particle')
*对图像进行全局阈值分割
threshold (Image, Large, 110, 255)
*圆角膨胀
dilation_circle (Large, LargeDilation, 7.5)
*返回补充图像，即获得去除大斑点后的图像 NotLarge
complement (LargeDilation, NotLarge)
*减去除了 NotLarge 图像，即去除大斑点后的图像，减少运算
reduce_domain (Image, NotLarge, ParticlesRed)
*平滑处理图像
mean_image (ParticlesRed, Mean, 31, 31)
*动态灰度阈值，其中 Mean 是参考图像，通过与 ParticlesRed 为原图，通过
*对比找到邻域确定阈值
dyn_threshold (ParticlesRed, Mean, SmallRaw, 3, 'light')
*消除小区域(小于圆形结构元素)和光滑的边界地区
opening_circle (SmallRaw, Small, 2.5)
*显示连通区域
```

connection (Small, SmallConnection)

+++

可以看到经过均值滤波的处理，可以提取出局部区域窗口的背景灰度，从而可以用原始图像减去背景图像来提取原始图像中的小物体。

5.3 频域图像滤波

5.3.1 频域滤波原理

法国数学家傅里叶提出，在满足某些数学条件时，任何周期函数都可以表示为不同频率的正弦和或余弦和的形式，每个正弦或余弦乘以不同的系数，甚至非周期的有限函数也可以用正弦或余弦乘以加权函数的积分来表示。这种情况下的公式就是傅里叶变换。图 5-13 为傅里叶变换示意图。

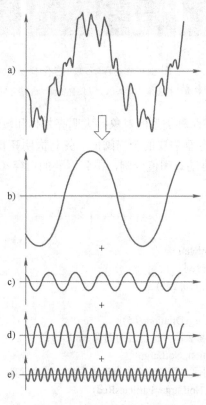

图 5-13 傅里叶变换示意图

用傅里叶变换表示的函数，可以通过傅里叶反变换来进行重建且不丢失信息。正是基于这个重要特征，我们可以工作在"频率域"，在变换回函数的原始域时不丢失任何信息。

一幅数字图像可定义为一个二维函数 $f(x,y)$，其中 x 和 y 是空间（平面）坐标，$f(x,y)$ 的值被称为图像在该点处的灰度或强度，数字图像又被称为时域图。图像的频率是表征图像中灰度变化剧烈程度的指标，是灰度在平面空间上的梯度。图像进行二维傅里叶变换得到频谱图，就是图像梯度的分布图，频谱图上的各点与图像上各点并不存在一一对应的关系（即使在不移频的情况下），如图 5-14 所示。

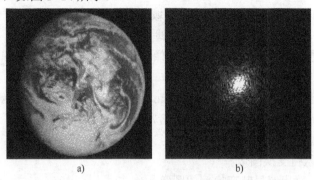

图 5-14　图像的时域和频谱图

a) 时域图　b) 对应的频谱图

通过图 5-15 可以了解图像与声音频率的对照，其中的低频率表现在图像上代表图像的平坦、粗糙的部分，高频率表现在图像上代表图像的细节部分。

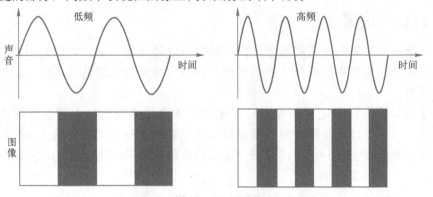

图 5-15　图像、声音频率示意图

声音的频率调节使用音调控制器，而图像的频率处理是使用傅里叶变换。如果去掉图像中的高频部分，也就是去掉图像的细节，图像会变模糊；如果去掉图像中的低频部分，也就是消除图像的粗略部分，会留下图像的边缘信息，结果如图 5-16 所示。

图 5-16　图像频率变化示意图

a) 原图　b) 去除高频部分　c) 去除低频部分

进行图像的频域变换时，首先要将图像转换到频域，然后对频域做处理，最后将结果转换回原来的空间，从而完成对图像的操作。

相对于之前的利用图像视觉特性的空间域的图像处理，图像的频域处理方法是利用图像分布的变化特性，因此相对不够直观，难以理解。

HALCON 中通过 fft_image 算子得到图像的频谱图，通过 fft_image_inv 实现由频域到时域的反变换。

HALCON 中还可以通过 fft_generic(Image : ImageFFT : Direction, Exponent, Norm, Mode, ResultType :)算子，实现从时域至频域，或者从频域至时域的变换。

其中主要参数含义如下。

- Image：输入待变换图像。
- ImageFFT：输出傅里叶变换后的图像。
- Direction：变换方向。'to_freq'为时域到频域变换；'from_freq'为频域到时域的变换。
- Norm：归一化方法。
- Mode：直流分量在频谱中的位置。"dc_center"为频谱中间；"dc_edge"为频谱边缘。
- ResultType：输出图像的类型，其中"complex"为复数。

5.3.2 频率域低通滤波

由于噪声主要集中在高频部分，为去除噪声改善图像质量，可以采用低通滤波器来通过低频成分，抑制高频成分，然后再进行逆傅里叶变换获得滤波图像，就可达到平滑图像的目的。

边缘和其他尖锐变化（如噪声）在图像的灰度级中主要处于傅里叶变换的高频部分。因此，可以通过衰减指定图像傅里叶变换中高频成分来实现。见式（5-2），选择一个滤波器变换函数 $H(u,v)$，通过衰减 $F(u,v)$ 的高频成分来产生 $G(u,v)$，实现频率域的平滑滤波。

$$G(u,v)=H(u,v)F(u,v) \tag{5-2}$$

常用的频率域平滑滤波器有三种：理想低通滤波器、巴特沃思低通滤波器、高斯低通滤波器。

（1）理想低通滤波器

它是最简单的低通滤波器，直接"截断"傅里叶变换中所有与变换原点的距离比指定距离 D_0 远的高频成分，其变换函数为：

$$H(u,v) = \begin{cases} 1, & D(u,v) \leqslant D_0 \\ 0, & D(u,v) > D_0 \end{cases} \tag{5-3}$$

其中 D_0 为截断频率。$D(u,v)$ 是 (u,v) 点与频率矩形原点的距离。如果图像的尺寸为 $M \times N$，从点 (u,v) 到傅里叶变换中心（原点）的距离见式（5-4）：

$$D(u,v) = [(u - M/2)^2 + (v - N/2)^2]^{1/2} \tag{5-4}$$

图 5-17 为理想低通滤波器的频谱图和幅频曲线。在半径为 D_0 的圆内，所有频率没有衰减地通过滤波器，而在此半径的圆之外的所有频率完全被衰减掉。

图像处理中，用理想低通波器对一幅图像进行滤波处理，会使滤波图像产生"振铃"现象，所谓"振铃"，就是指输出图像的灰度剧烈变化处产生的振荡，就好像钟被敲击后产生的空气振荡。

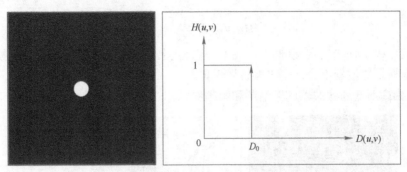

图 5-17　理想低通滤波器频谱图和幅频曲线

HALCON 中创建理想低通滤波器相关算子为 gen_lowpass(: ImageLowpass : Frequency, Norm, Mode, Width, Height :)。

其中主要参数的含义如下。

- ImageLowpass：输入的图像。
- Frequency：截断频率（即图 5-17 中的 D_0）。
- Norm：滤波器的归一化因子。
- Mode：直流分量在频域的位置。
- Width，Height：输入图像的宽和高。

（2）巴特沃思低通滤波器

巴特沃思滤波器最先由英国工程师斯蒂芬·巴特沃斯在 1930 年提出，它的变换函数可以表示为

$$H(u,v) = \frac{1}{1 + (D(u,v) / D_0)^{2n}} \tag{5-5}$$

其中的 D_0 和 $D(u,v)$ 的定义同式（5-3）。从函数形式上看，用指数 n 可以改变滤波器的形状，n 越大，则该滤波器越接近理想滤波器，振铃现象也越明显。

图 5-18 为巴特沃思低通滤波器频谱图和幅频曲线，它的特点是在通频带内的频率响应曲线最大限度平坦，没有起伏，而在阻频带则逐渐下降为零。

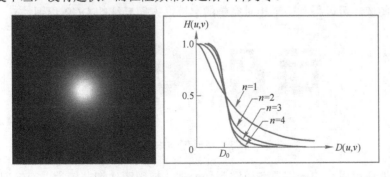

图 5-18　巴特沃思低通滤波器频谱图和幅频曲线

（3）高斯低通滤波器

高斯低通滤波器的变换函数可以表示为式（5-6）：

$$H(u,v) = e^{\frac{-D^2(u,v)}{2D_0^2}} \tag{5-6}$$

其中的 D_0 和 $D(u,v)$ 的定义同式（5-3）。从公式上看，高斯函数的傅里叶变换仍然是高斯函数，故高斯型滤波器不会产生"振铃"现象。

图 5-19 为高斯低通滤波器的频谱图和幅频曲线。

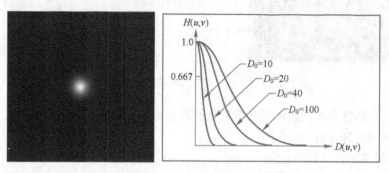

图 5-19　高斯低通滤波器的频谱图和幅频曲线

HALCON 中可以通过 gen_gauss_filter(: ImageGauss : Sigma1, Sigma2, Phi, Norm, Mode, Width, Height :)算子来生成一个高斯滤波器。

其中主要参数的含义如下。

- ImageGauss：输出的高斯滤波器。
- Sigma1：高斯滤波器在空间域主方向的标准差。
- Sigma2：与主方向垂直方向的标准差。
- Phi：空间域的主方向。
- Norm: 滤波器的归一化因子。
- Mode：直流分量在频域的位置。
- Width，Height：输入图像的宽和高。

低通滤波器主要实现对图像的模糊处理和平滑，除此之外，低通滤波器还可以实现断裂图形的连接。如图 5-20a 为通过扫描仪获得的字符图像，存在多处断裂，图 5-20b 为经低通滤波处理后的图像，可以得到两个相对完整的字符，方便后续的 OCR 识别。

a)　　　　　　　　　　b)

图 5-20　低通滤波器在 OCR 中的应用

低通滤波器还可以应用于卫星和航空图像处理，使得图像细节模糊，而保留大的可识别特征，通过消除不重要的特征来简化感兴趣特征的分析。

5.3.3　案例——低通滤波器的应用

【要求】图 5-21a 为 HALCON 自带的附图"fingerprint"，用高斯低通滤波器对该图进行平滑滤波。（图的存储路径为"HALCON 安装位置\images\ fingerprint.png"）

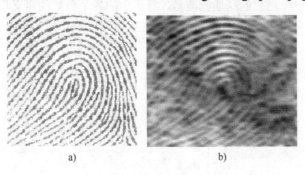

a)　　　　　　　　　　　b)

图 5-21　低通滤波器示例

【源代码】

```
++++++++++++++++++++++++++++++++++++++++++++++++++++++++++++
read_image (Image, 'fingerprint.png')
get_image_size (Image, Width, Height)
*生成一个高斯滤波器
gen_gauss_filter (ImageGauss1, 4, 2, 0, 'none', 'rft', Width, Height)
*对图像进行傅里叶变换
rft_generic (Image, ImageFFT1, 'to_freq', 'none', 'complex', Width)
*用高斯滤波器对图像进行平滑滤波
convol_fft (ImageFFT1, ImageGauss1, ImageConvol)
*滤波结果变换回空间域
rft_generic (ImageConvol, ImageFFT2, 'from_freq', 'n', 'real', Width)
++++++++++++++++++++++++++++++++++++++++++++++++++++++++++++
```

图 5-21b 为低通滤波后的结果。对比两图可以看到，经过高斯滤波，图中的边缘信息被模糊掉，图像的清晰度降低。

5.3.4　频率域高通滤波

图像的边缘、细节主要位于高频部分，而图像的模糊是由于高频成分比较弱产生的。采用高通滤波器让高频成分通过，使低频成分削弱，再经逆傅里叶变换得到边缘锐化的图像，从而实现消除模糊，突出边缘的效果。

频率域的高通滤波器主要有：理想高通滤波器、巴特沃思高通滤波器、高斯高通滤波器等。

（1）理想高通滤波器

理想高通滤波器的变换函数见式（5-7）：

$$H(u,v) = \begin{cases} 0, & D(u,v) \leqslant D_0 \\ 1, & D(u,v) > D_0 \end{cases} \tag{5-7}$$

其中 D_0 为截断频率，$D(u,v)$是点(u,v)与频率矩形原点的距离，$D(u,v)$定义与式（5-4）相同，理想高通滤波器的频谱图和幅频曲线如图 5-22 所示。

HALCON 中可以用 gen_highpass(: ImageHighpass : Frequency, Norm, Mode, Width, Height :)算子来生成一个理想的高通滤波器，算子中的各个参数的定义与低通滤波器相同。

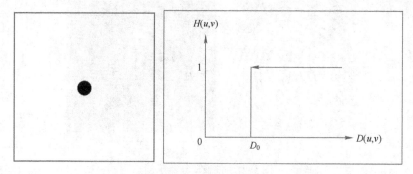

图 5-22   理想高通滤波器的频谱图和幅频曲线

（2）巴特沃斯高通滤波器

巴特沃斯高通滤波器的转移函数见式（5-8），频谱图如图 5-23 所示。

$$H(u,v) = \frac{1}{1 + \left(\dfrac{D_0}{D(u,v)}\right)^{2n}} \qquad (5-8)$$

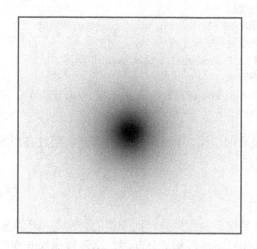

图 5-23   巴特沃斯高通滤波器的频谱图

（3）高斯高通滤波器

高斯高通滤波器的转移函数见式（5-9），频谱图和幅频曲线如图 5-24 所示。

$$H(u,v) = 1 - e^{\frac{-D^2(u,v)}{2D_0^2}} \qquad (5-9)$$

其中 D_0 为截断频率，$D(u,v)$是点(u,v)与频率矩形原点的距离，$D(u,v)$定义与式（5-4）相同。

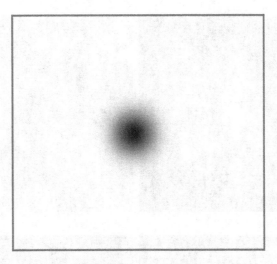

图 5-24　高斯高通滤波器的频谱图和幅频曲线

5.3.5　案例——应用高斯高通滤波器提取图像轮廓

【要求】图 5-25 为 HALCON 中的例图"tooth_rim",请用高斯高通滤波器提取图像的轮廓。

图 5-25　齿轮

【分析】图像的边缘对应了频谱的高频部分,可以通过构造一个高频滤波器,过滤掉图像的低频部分,从而得到图像的边缘。HALCON 中没有直接生成高斯高通滤波器的算子,需要先生成一个实数型的图像,图像上每个像素值为 1;再生成一个高斯低通滤波器,两者相减,从而构造一个高通滤波器。图 5-26a 为原图的频谱;图 5-26b 为高斯高通滤波器的频谱;图 5-26c 滤波后的图像频谱;图 5-26d 为反变换后得到的边缘。

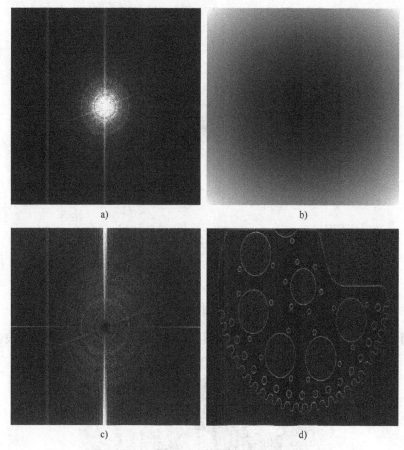

图 5-26　检测过程

【源代码】

```
++++++++++++++++++++++++++++++++++++++++++++++++++++++++++++++++++++
read_image (Image, 'tooth_rim.png')
rgb1_to_gray (Image, GrayImage)
get_image_size (GrayImage, Width, Height)
*构造一个高斯低通滤波器
gen_gauss_filter (ImageGauss, 0.1, 0.1, 0, 'none', 'dc_center', Width, Height)
*构造一个值为 1 的实数型图像
gen_image_const (Image1, 'real', Width, Height)
paint_region (Image1, Image1, ImageResult, 1, 'fill')
*两者相减，构造高斯高通滤波器
sub_image (ImageResult, ImageGauss, ImageSub, 1, 0)
*傅里叶变换，得到图像的频域图像
fft_generic(GrayImage,ImageFFT2,'to_freq',-1,'none','dc_center','complex')
*用高通滤波器实现滤波
convol_fft(ImageFFT2,ImageSub,ImageConvol2)
*从频域反变换回时域
fft_generic(ImageConvol2,ImageResult2,'from_freq',1,'sqrt','dc_center','byte')
++++++++++++++++++++++++++++++++++++++++++++++++++++++++++++++++++++
```

5.3.6　频率域的带阻/带通滤波器

带阻滤波器指将某一频率范围内的频率分量衰减到极低水平，而让其他范围内的频率分量通过。而带通滤波器的概念则与之相反，它是指让某一频率范围内的频率分量通过，而将其他范围的频率分量衰减到极低水平的滤波器。

常见的频率域的带阻/带通滤波器包括理想带阻/带通滤波器、巴特沃思带阻/带通滤波器以及高斯带阻/带通滤波器等。

（1）理想带阻/带通滤波器

理想带阻滤波器的转移函数见式（5-10）：

$$H(u,v)=\begin{cases}1, & D(u,v)<D_0-\dfrac{W}{2}\\[2mm]0, & D_0-\dfrac{W}{2}\leqslant D(u,v)\leqslant D_0+\dfrac{W}{2}\\[2mm]1, & D(u,v)>D_0+\dfrac{W}{2}\end{cases}\tag{5-10}$$

其中的 W 为带宽。

图 5-27a 为理想带阻滤波器的幅频曲线，图 5-27b 为频谱图（$D_0=60$，$W=30$）。

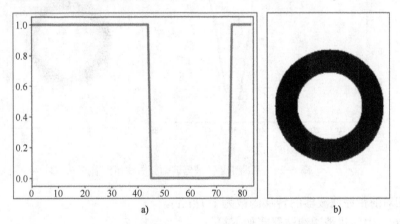

图 5-27　理想带通滤波器的幅频曲线和频谱图

（2）Butterworth 带阻/带通滤波器

Butterworth 带阻转移函数见式（5-11）：

$$H(u,v)=\cfrac{1}{1+\left[\cfrac{D(u,v)W}{D^2(u,v)-D_0^{\ 2}}\right]^{2n}}\tag{5-11}$$

其中的 n 为滤波器的阶数，W 为滤波器的带宽。图 5-28 为 Butterworth 带阻滤波器的幅频曲线和频谱图（$D_0=50$，$W=12$，$n=2$）。

（3）高斯带阻/带通滤波器

高斯带阻滤波器的转移函数见式（5-12）：

$$H(u,v)=1-e^{-\frac{1}{2}\left[\frac{D^2(u,v)-D_0^{\ 2}}{D(u,v)W}\right]^2}\tag{5-12}$$

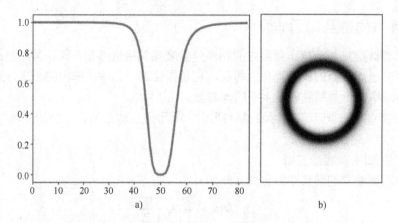

图 5-28　Butterworth 带通滤波器的幅频曲线和频谱图

图 5-29 为高斯带阻滤波器的幅频曲线和频谱图（D_0=50，W=10）。

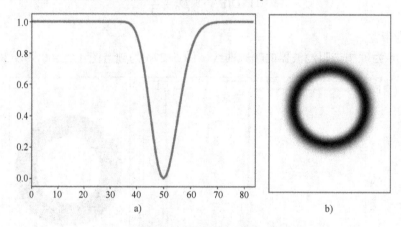

图 5-29　高斯带阻滤波器的幅频曲线和频谱图

与之相对的带通滤波器的转移函数为 $1-H(u,v)$。

HALCON 中创建带通滤波器有如下算子：

（1）gen_bandpass(: ImageBandpass : MinFrequency, MaxFrequency, Norm, Mode, Width, Height :)。

说明：创建一个理想带通滤波器。

其中主要参数的含义如下。

● ImageBandpass：理想带通滤波器。

● MinFrequency, MaxFrequency：滤波器的最低、最高频率。

（2）gen_sin_bandpass(: ImageFilter : Frequency, Norm, Mode, Width, Height :)

说明：创建一个正弦形状的带通滤波器。

Frequency：带通滤波器距离直流分量的最大距离，值介于 0 和 1 之间。

（3）gen_std_bandpass(: ImageFilter : Frequency, Sigma, Type, Norm, Mode, Width, Height :)

说明：创建一个高斯或正弦形状的带通滤波器。

其中主要参数的含义如下。

- Sigma：带通滤波器的宽度，值介于 0 和 1 之间。
- Type：滤波器的类型，值为'gauss'则为高斯滤波器，值为'sin'为正弦滤波器。

5.3.7　案例——应用带通滤波器进行划痕检测

【要求】图 5-30a 为 HALCON 中的例图 "surface_scratch"，请提取出图中的划痕。

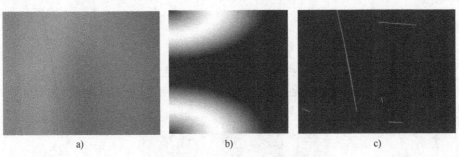

图 5-30　划痕检测

a）b）正弦带通滤波器　c）划痕

【分析】图 5-30a 图中明亮程度不一，划痕颜色较淡，不能用灰度 BLOB 分析的方法提取出目标区域。因此，先构造一个带通滤波（图 5-30b），去除背景光线的干扰，再对得到的图像作 BLOB 分析，提取出图像中的划痕（图 5-30c）。

【源代码】

```
++++++++++++++++++++++++++++++++++++++++++++++++++++++++++++
read_image (Image, 'surface_scratch')
invert_image (Image, ImageInverted)
get_image_size (Image, Width, Height)
*创建一个正弦形状的带通滤波器
gen_sin_bandpass (ImageBandpass, 0.4, 'none', 'rft', Width, Height)
*快速傅里叶变换
rft_generic (ImageInverted, ImageFFT, 'to_freq', 'none', 'complex', Width)
*带通滤波
convol_fft (ImageFFT, ImageBandpass, ImageConvol)
*反变换
rft_generic (ImageConvol, Lines, 'from_freq', 'n', 'byte', Width)
*从原图中得到划痕区域
threshold (Lines, Region, 5, 255)
connection (Region, ConnectedRegions)
select_shape (ConnectedRegions, SelectedRegions, 'area', 'and', 5, 5000)
dilation_circle (SelectedRegions, RegionDilation, 5.5)
union1 (RegionDilation, RegionUnion)
reduce_domain (Image, RegionUnion, ImageReduced)
*将划痕区域连接成线
lines_gauss (ImageReduced, LinesXLD, 0.8, 3, 5, 'dark', 'false', 'bar-shaped', 'false')
union_collinear_contours_xld (LinesXLD, UnionContours, 40, 3, 3, 0.2, 'attr_keep')
select_shape_xld (UnionContours, SelectedXLD, 'contlength', 'and', 15, 1000)
```

```
gen_region_contour_xld (SelectedXLD, RegionXLD, 'filled')
union1 (RegionXLD, RegionUnion)
dilation_circle (RegionUnion, RegionScratches, 10.5)
```
+++

经处理后的结果如图 5-30c 图所示。

习题

1. 请简述高通、带通、低通三种滤波方法在机器视觉中的应用。

2. 打开如图 5-31 所示的"lena"图片文件，试着用不同方法对其进行去噪处理，并分析不同方法处理效果好坏的原因。

图 5-31   "lena"图片

3. 请选用合适的方法和参数对图 5-32 进行锐化处理。

图 5-32   噪声图片

4. 在一幅灰度图像上添加若干条细线，试用合适的处理方法将其滤除，比较不同的处理方法的优缺点。

5. 图 5-33 为带纹理的木板，请将纹理图案从背景中分割出来。

图 5-33　带纹理的木板（HALCON 自带的附图 "wood_knots"）

6．输入一幅灰度图像，分别用 HALCON 中的 add_noise_white 算子和 add_noise_distribution 算子加入白噪声和高斯噪声，用不同的滤波方法对图像进行降噪，比较效果并分析原因。

第6章 图像的形态学处理

数学形态学（Mathematical Morphology）是一门建立在格论和拓扑学基础之上的图像分析学科，它可以用于图像处理中的噪声抑制、特征提取、边缘检测、图像分割、形状识别等。数学形态学在计算机视觉、信号处理与图像分析、模式识别、计算方法与数据处理等领域都有极为广泛的应用。

学习目标
- 掌握图像形态学的原理和适用场景。
- 掌握腐蚀、膨胀、开运算、闭运算等常见的形态学方法。
- 练习应用 HALCON 中的形态学算子对二值图像和灰度图像进行处理。

视频 8　数学形态学

6.1　图像的形态学处理简介

形态学通常指生物学中对动植物的形状和结构进行处理的一个分支。数学形态学是根据形态学概念发展而来具有严格数学理论基础的科学，并在图像处理和模式识别领域得到了成功应用。数学形态学可以用来抽取图像的区域形状特征，如边界、骨骼和轮廓，也经常用于图像的预处理和后处理，如形态学滤波、细化和修剪等。

数学形态学与其他图像处理算法相比有一些明显的优势，比如可以有效滤除噪声，又可以保留图像的原有信息；易于用变形处理方法有效实现，且硬件实现容易；边缘信息提取对噪声不敏感以及提取到的骨架较为连续，断点少等特点。

数学形态学的基础算法有膨胀、腐蚀、开、闭等。

6.2　形态学的基础算法

6.2.1　膨胀运算

假定 A 为目的图像，B 为结构元素，把 A 被 B 膨胀定义为：

$$A \oplus B = \{x, y \mid (B)_{x,y} \bigcap A \neq \varnothing\} \tag{6-1}$$

该公式表示用结构 B 膨胀 A，在结构元素 B 中定义一个原点，将原点平移到图像像素 (x,y) 位置时，如果 B 与 A 的交集不为空，则像元 (x,y) 在结果中保留。图 6-1 为膨胀运算原理示意图，其中标注为 1 的像素为结构元素的原点。

从结果上看，膨胀会使目标区域范围"变大"，将与目标区域接触的背景点合并到该目标物中，使目标边界向外部扩张。作用就是可以用来填补目标区域中某些空洞以及消除包含在目标区域中的小颗粒噪声。膨胀也可以用来连接两个分开的物体。

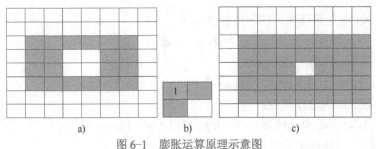

图 6-1　膨胀运算原理示意图

a) 目标图像　b) 结构元素　c) 膨胀运算结果图像

在 HALCON 中的膨胀相关的常用算子如下。

1）dilation_circle(Region : RegionDilation : Radius :)。

说明：用圆形结构单元进行膨胀。

其中主要参数的含义如下。

● Region：输入的目标区域。

● RegionDilation：输出膨胀以后的区域。

● Radius：模板的半径。

2）dilation_rectangle1(Region : RegionDilation : Width, Height :)。

说明：用矩形结构进行膨胀。

其中的参数 Width, Height 为模板的宽和高。

3）dilation1(Region, StructElement : RegionDilation : Iterations :)。

说明：用自定义结构单元进行膨胀。

其中 StructElement 为自定义的模板；Iterations 为迭代次数。

6.2.2　腐蚀运算

假定 A 为目的图像，B 为结构元素，把 A 被 B 腐蚀定义为：

$$A \ominus B = \{x, y \,|\, (B)_{x,y} \subseteq A\} \tag{6-2}$$

该公式表示用结构 B 腐蚀 A，在结构 B 中需要定义一个原点，当 B 的原点平移到图像 A 的像元(x,y)时，B 完全被包含在图像 A 中，则像元 (x,y) 在结果中保留。图 6-2 为腐蚀过程示意图。

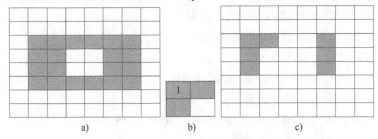

图 6-2　腐蚀过程示意图

a) 目标图像　b) 结构元素　c) 腐蚀运算结果图像

从结果上看，腐蚀运算的功能是去除冗余的小点、毛刺、分离粘连物体。其实质造成图像的边界收缩，可以用来消除小且无意义的目标物。

在 HALCON 中与腐蚀相关的常用算子如下。

1）erosion_circle(Region : RegionDilation : Radius :)。

说明：用圆形结构单元进行腐蚀。

2）erosion_rectangle1(Region : RegionDilation : Width, Height :)。

说明：用矩形结构进行腐蚀。

3）erosion1(Region, StructElement : RegionDilation : Iterations :)。

说明：用自定义结构单元进行腐蚀。

6.2.3　开运算

通过对膨胀和腐蚀算子的结合可以得到开运算和闭运算算子，开运算的定义为：

$$A \circ B = (A \ominus B) \oplus B \tag{6-3}$$

其中 $\ominus$ 表示腐蚀操作，$\oplus$ 表示膨胀操作。开运算相当于先用结构元 B 对 A 腐蚀，再对腐蚀结果用同样的结构元进行膨胀操作，图 6-3 为开运算的过程示意图。

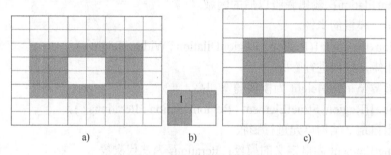

图 6-3　开运算过程示意图

a) 目标图像　b) 结构元素　c) 开运算结果图像

开运算具有如下基本属性。

● 对 A 进行开运算的结果是 A 的子集。

● 如果 C 是 D 的子集，则 C 与 B 开运算的结果是 D 与 B 进行开运算结果的子集。

● 对同样的集合 A，做多次开运算的结果与做一次是一样的结果。

开运算能够除去孤立的小点、毛刺和小桥，而目标图像的位置和总的形状大体不变。

在 HALCON 中与开运算相关的常用算子如下。

1）opening_circle(Region : RegionDilation : Radius :)。

说明：用圆形结构元进行开运算。

2）opening_rectangle1(Region : RegionDilation : Width, Height :)。

说明：用矩形结构元进行开运算。

3）opening(Region, StructElement : RegionDilation : Iterations :)。

说明：用自定义结构元进行开运算。

6.2.4　闭运算

闭运算相当于先用结构元 B 对 A 进行膨胀，再对膨胀结果用同样的结构元进行腐蚀操作，过程与开运算刚好相反，其过程如图 6-4 所示。闭运算的定义为：

$$A \cdot B = (A \oplus B) \ominus B \tag{6-4}$$

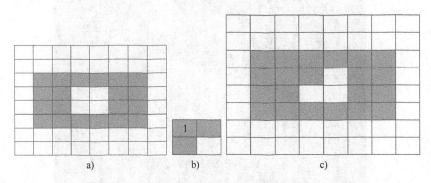

图 6-4　闭运算过程示意图

a) 目标图像　b) 结构元素　c) 闭运算结果图像

闭运算的基本属性如下。

- 集合 A 是闭运算结果的子集。
- 如果 C 是 D 的子集，则 C 与 B 进行闭运算的结果是 D 与 B 进行闭运算结果的子集。
- 对同样的 A，做多次闭运算的结果与做一次是一样的。

从开、闭运算的基本定义和运行过程可以看出，这两种集合操作产生的效果如下：开运算通常对图像轮廓进行平滑，使狭窄的"地峡"形状断开，去掉细的突起。闭运算也是趋向于平滑图像的轮廓，但与开运算相反，它一般使窄的断开部位和细长的沟融合，填补轮廓上的间隙。

在形态学算法设计中，结构元的选择十分重要，其形状、尺寸的选择是能否有效提取信息的关键。结构元选择的几个基本原则如下。

- 结构元必须在几何上比原图像简单，且有界；当选择性质相同或相似的结构元时，以选择极限情况为宜。
- 结构元的凸性很重要，对非凸子集，由于连接两点的线段大部分位于集合的外面，故用非凸子集作为结构元将得不到什么信息。

在 HALCON 中与闭运算相关的常用算子如下。

1）closing_circle(Region : RegionDilation : Radius :)。

说明：用圆形结构单元进行闭运算。

2）closing_rectangle1(Region : RegionDilation : Width, Height :)。

说明：用矩形结构进行闭运算。

3）closing(Region, StructElement : RegionDilation : Iterations :)。

说明：用自定义结构单元进行闭运算。

6.2.5　案例——求图中地球的中心点坐标

【要求】计算出图 6-5 中地球的中心点坐标。

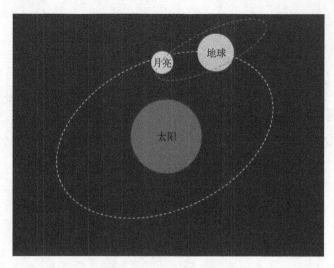

图 6-5　地球、月亮和太阳

【分析】先用开运算方法去除环形轨道等干扰点；利用面积的差别，筛选出地球；再用闭运算的方法对地球区域进行修补，最后，计算出地球的中心点坐标。

【源代码】

```
++++++++++++++++++++++++++++++++++++++++++++++++++++++++++++++++
read_image (Image, 'SUNEARTHMOON.jpg')
rgb1_to_gray (Image, GrayImage)
*灰度图像二值化
threshold (GrayImage, Region, 50, 255)
*开运算，去除干扰点
opening_circle (Region, RegionOpening, 3.5)
*连通区域分析，得到太阳、月亮、地球三个区域
connection (RegionOpening, ConnectedRegions)
*利用区域的面积不同，筛选出地球
select_shape (ConnectedRegions, SelectedRegions, 'area', 'and', 8421.75, 27564.1)
*用闭运算对地球中的孔洞进行修补
closing_circle (SelectedRegions, RegionClosing, 7)
*计算出目标区域的中心点坐标
area_center (RegionClosing, Area, Row, Column)
++++++++++++++++++++++++++++++++++++++++++++++++++++++++++++++++
```

6.2.6　其他形态学算子

1. 并运算

设 A 和 B 为图像上的两个像素集合，则 A 和 B 的并运算定义为：

$$A \bigcup B = \{(x,y) \mid ((x,y) \in A \bigcup (x,y) \in B)\} \tag{6-5}$$

该式子表明，A 和 B 的并运算的结果为 A 和 B 所有像素的集合。图 6-6 为并运算的过程示意图。

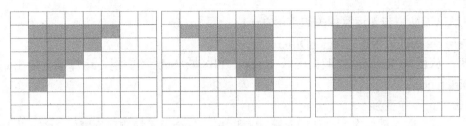

图 6-6　并操作示意图

在 HALCON 中与并运算相关的常用算子如下。

（1）union1(Region : RegionUnion : :)

说明：将区域集合中的所有区域，合并为一个区域并输出。

（2）union2(Region1, Region2 : RegionUnion : :)

说明：将两个区域 Region1 和 Region2 合并输出到区域 RegionUnion。

2. 交运算

设 A 和 B 为图像上的两个像素集合，则 A 和 B 的交运算定义为：

$$A \bigcap B = \{(x, y) \mid ((x, y) \in A \bigcap (x, y) \in B)\} \tag{6-6}$$

该式子表明，A 和 B 的交运算的结果为 A 和 B 所有像素的交集。图 6-7 为交运算的过程示意图。

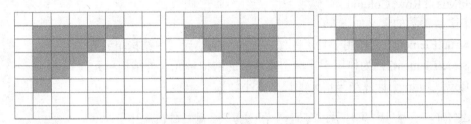

图 6-7　交运算示意图

在 HALCON 中与交运算相关的常用算子：

intersection(Region1, Region2 : RegionIntersection : :)

说明：区域 Region1 和 Region2 作交集，并输出到区域 RegionIntersection 中。

3. 差运算

设 A 和 B 为图像上的两个像素集合，则 A 和 B 的差运算定义为：

$$A - B = \{(x, y) \mid ((x, y) \in A \bigcap (x, y) \notin B)\} \tag{6-7}$$

该式子表明，A 和 B 的差运算的结果为从 A 中减去 A 和 B 的交集。图 6-8 为差运算的过程示意图。

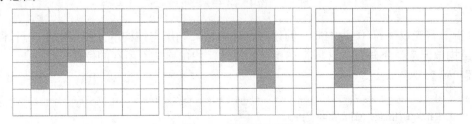

图 6-8　差运算示意图

在 HALCON 中与差运算相关的常用算子:

difference(Region, Sub : RegionDifference : :)

说明:从区域 Region 中减去区域 Region 和区域 Sub 的交集,运算结果输出到区域 RegionDifference。

4.击中击不中变换

击中击不中变换需要有两个结构元素 B_1 和 B_2,一个用于探测目标图像内部,作为击中部分;另一个用于探测目标图像外部,作为击不中部分。这两个结构元素应该是不连接的,即 $B_1 \bigcap B_2 = \varnothing$,击中击不中变换可以用式(6-8)表示:

$$hitmis(A, B_1, B_2) = \{x, y \,|\, (B_1)_{x,y} \subseteq A \bigcap (B_2)_{x,y} \subseteq A^c\} \qquad (6-8)$$

其中 A 为目标图像,A^c 为 A 的补集。

击中击不中变换常用来检测特定形状所处位置。如果要在一幅图像 A 上找到 B 形状的目标,步骤如下。

1)建立一个比 B 大的模板 B_1,使用此模板对图像 A 进行腐蚀,得到图像 A_1。

2)用 B_1-B 得到 B_2,使用 B_2 对图像 A 的补集进行腐蚀,得到图像 A_2。

3)A_1 和 A_2 取交集,就可以得到 B 的位置。

HALCON 中的击中击不中算子为: hit_or_miss(Region, StructElement1, StructElement2 : RegionHitMiss : Row, Column :)

其中主要参数的含义如下。

● StructElement1:为作用于目标图像内部的结构单元(内结构单元)。

● StructElement2:为作用于目标图像外部的结构单元(外结构单元)。

● Row, Column :计算结果单元的尺寸大小。

6.2.7 案例——应用"击中击不中"的方法检测字符

【要求】用"击中击不中"的方法找出图 6-9a 中的所有的字符 0。

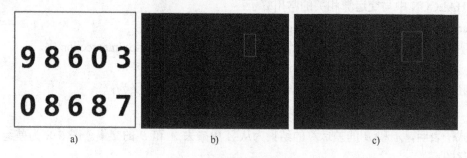

图 6-9 击中击不中示例图

【分析】首先以字符 0 为中心,创建内、外结构,利用内结构单元应该完全在目标区域内,外结构单元应该不与目标区域存在相交的特性,找出字符 0 所在的位置。

【源代码】

++

```
read_image (Image, '图 6.9a.png')
rgb1_to_gray (Image, GrayImage)
```

*在字符 0 的图像内部选择一个区域，创建内结构单元
draw_rectangle1 (3600, Row1, Column1, Row2, Column2)
*创建一个矩形区域
gen_rectangle1 (Rectangle, Row1, Column1, Row2, Column2)
*提取出矩形区域的边缘，形成内结构，如图 6-9b 所示
boundary (Rectangle, RegionBorder, 'inner')
dev_display (GrayImage)
*在字符 0 的图像外部选择一个区域，创建外结构单元，如图 6-9c 所示
draw_rectangle1 (3600, Row11, Column11, Row21, Column21)
gen_rectangle1 (Rectangle1, Row11, Column11, Row21, Column21)
boundary (Rectangle1, RegionBorder1, 'inner')
threshold (GrayImage, Regions, 0, 164)
*击中击不中操作
hit_or_miss (Regions, RegionBorder, RegionBorder1, RegionHitMiss1, Row11, Column11)

6.3　形态学的典型应用

形态学可以用于二值图像的区域填充、细化、粗化和修剪，以达到清除图像噪声、连接断点的作用。形态学还有一些其他实际用途，比如边界提取、区域填充、连接成分等。

6.3.1　边界提取

用某一合适的结构元素 B 对 A 先进行腐蚀，再用 A 减去腐蚀的结果，就可以获得 A 的边界 $\beta(A)$。

$$\beta(A) = A - (A \ominus B) \tag{6-9}$$

图 6-10 为基于形态学的边界提取的示意图。

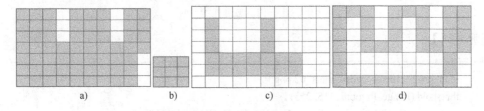

图 6-10　边界提取示意图

a) 原图　b) 结构单元　c) B 对 A 进行腐蚀的结果　d) 边界提取的结果

6.3.2　案例——提取目标区域的边界

【要求】图 6-11 为 HALCON 中的例图 "work_sheet_02"（文件位置为 "HALCON 安装目录\images\metal-parts\metal-part-distorted-03"），应用形态学的方法，提取图 6-11 中的工件的边界。

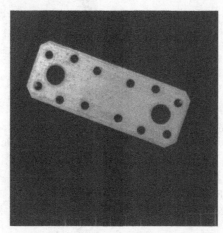

图 6-11   例图 "work_sheet_02"

【分析】用形态学的方法对目标区域进行腐蚀，得到比目标区域略小的区域（图 6-12a），再对两者做差运算，得到原来目标区域的边界（图 6-12b）。

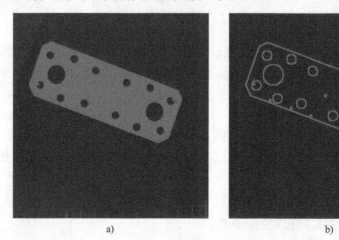

a)   b)

图 6-12   边界检测

【源代码】

```
read_image (Image, 'work_sheet_02.png')
threshold (Image, Regions, 115, 255)
erosion_rectangle1 (Regions, RegionErosion, 11, 11)//对原图进行腐蚀
difference (Regions, RegionErosion, RegionDifference)//将原图与腐蚀的结果进行差运算
```

6.3.3   区域填充

基于形态学的膨胀、取补和交运算，经过几次迭代，可以实现区域填充。填充过程可以用图 6-13 表示。

$$X_k = \left(X_{k-1} \oplus B \right) \bigcap A^c \tag{6-10}$$

其中的 A 为需要填充的区域，A^c 为 A 的补集，B 为八邻域结构单元。先从 A 中的一点开始，进行膨胀，将扩展得到的区域与 A^c 进行交运算，反复迭代，直到填充了整个区域。把上述过程中每一步与 A^c 的交集的结果限制在感兴趣区域内。区域填充过程的原理如图 6-13 所示，需填充的区域边界点是八连接的，先从界内一点 P 开始，经过几次迭代，填充满整个区域，填充过程如下：

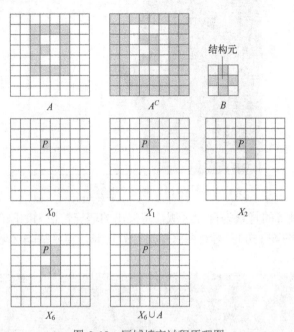

图 6-13　区域填充过程原理图

在 HALCON 中与区域填充相关的常用算子如下。

fill_up(Region : RegionFillUp : :)

功能：填充图像中各个区域的小孔，填充后区域的个数不变。该函数所用连通区域类型默认为八连通区域。

其中主要参数的含义如下。

● Region：输入区域；RegionFillUp：输出区域。
● fill_up_shape (Region : RegionFillUp : Feature, Min, Max :)填充满足给定条件的图形特征的区域。其中 Feature 是图形特征，通常为"area"；Min, Max 是特征的区间范围。

6.3.4　连接成分提取

在二值图像中提取连通分量是许多自动图像分析应用中的核心任务。基于形态学的膨胀、取补和交运算，经过几次迭代，可以实现二值图像连接成分的提取。

设 Y 表示一个包含于集合 A 中的连通分量，并假设 Y 中的一个点 p 是已知的，则可通过式（6-11）的迭代表达式生成 Y 的所有元素。

$$X_k = (X_{k-1} \oplus B) \bigcap A \qquad (6-11)$$

其中 $X_0 = p$，B 是一个根据 8 连接性定义的结构元素，当 $X_k = X_{k-1}$ 时，迭代停止，此时，$Y = X_k$，注意该表达式与式（6-10）的唯一区别就是用 A 代替了那里的补。每次迭代与 A 取交集的作用是消除部分膨胀结果。

6.3.5　案例——检测并计算出圆形工件上的瑕疵大小

【要求】图 6-14 为 HALCON 中的例图"fin3",其中的圆形工件上有突出的瑕疵。检测出该瑕疵,并计算出其大小。

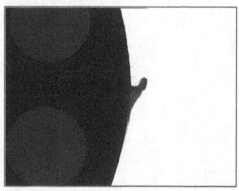

图 6-14　例图"fin3"

【分析】先以该圆形的背景为目标区域,将突出的瑕疵转换为凹陷的缺陷(图 6-15a)用闭运算将凹陷封闭(图 6-15b);再对两张图进行差运算,得到缺陷区域,并计算出其中心点坐标和面积。

a)　　　　　　　　　　　　　　　b)

图 6-15　瑕疵检测

【源代码】

```
++++++++++++++++++++++++++++++++++++++++++++++++++++++++++++++++++++++
read_image (Image, 'fin3')
*将背景作为目标区域,将突出的瑕疵转换为凹陷的缺陷
threshold (Image, Regions, 147, 255)
*用闭运算,对凹陷区域进行平滑
closing_circle (Regions, RegionClosing, 220)
*两个目标区域进行差运算,提取出凸出部分
difference (RegionClosing, Regions, RegionDifference)
*用开运算去除干扰点
opening_circle (RegionDifference, RegionOpening, 3.5)
*计算瑕疵区域的位置和大小
area_center (RegionOpening, Area, Row, Column)
++++++++++++++++++++++++++++++++++++++++++++++++++++++++++++++++++++++
```

习题

1. 简述形态学在工业机器视觉领域内有哪些应用。
2. 简述膨胀、腐蚀、开运算、闭运算的特点和典型应用场景。
3. 总结膨胀、腐蚀、开运算、闭运算的相互关系。
4. 图 6-16 为 HALCON 中的例图（"pellets"），请统计出图中细胞的数量。

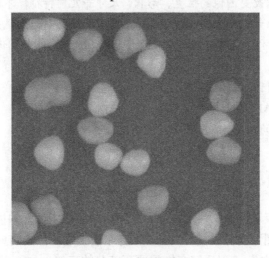

图 6-16　细胞图

5. 图 6-17 为 HALCON 中的例图（"meningg6"），请从中分离出图中悬浮颗粒。

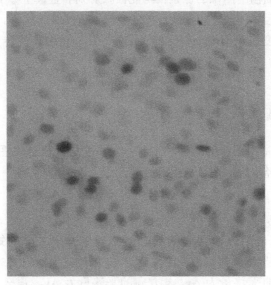

图 6-17　显微镜下的液体

6. 将二值形态学推广到灰度图像。输入一幅灰度图像，用膨胀、腐蚀、开运算、闭运算等进行，观察其效果，分析原因。

第7章 图像的几何变换

图像的几何变换只改变图像的位置、形状、尺寸等几何特征，不改变图像的拓扑信息。适当的几何变换可以在很大程度上消除由于成像角度、透视关系乃至镜头自身原因造成的图像几何失真。几何变换常常作为图像处理的预处理步骤，有利于后续的图像处理和目标识别。

学习目标
- 掌握图像的几何变换的原理和适用场景。
- 熟悉相应的 HALCON 算子和参数。
- 能够设计简单的 HALCON 程序，实现对图像的变换。

7.1 图像的几何变换简介

图像的几何变换又称为图像空间变换，它将一幅图像中像素映射到另一幅图像中的新位置。几何变换不改变图像的像素值，只是在图像平面上进行像素的重新安排。

在数字图像处理中，一个几何变换需要两部分的运算：（1）首先是空间变换所需的运算，如平移、旋转、镜像等，需要用它来表示输出图像和输入图像之间的像素的映射关系。（2）空间变换计算出的输出图像的像素很可能被映射到非整数坐标上，因此，还需要进行灰度插值计算，这部分运算处理空间变换后图像中像素灰度级的赋值。

常见的图像几何变换包括：位置变换（图像平移、镜像、旋转）、形状变换（处理图像的缩放、错切、透射）等。

7.2 图像的位置变换

图像的位置变换是指图像的尺寸和形状不发生变化，只是将图像进行平移、镜像或旋转。图像的位置变换经常应用在目标配准领域。

7.2.1 图像平移

图像是由像素组成的，而像素的集合就相当于一个二维的矩阵，每一个像素都有一个"位置"，也就是坐标。假设原来的像素点 P_0 的位置坐标为(x_0, y_0)，进行平移后，移到 $P(x, y)$，其中 x 方向的平移量为 Δx，y 方向的平移量为 Δy。那么，点 $P(x, y)$ 的坐标为：

$$\begin{cases} x = x_0 + \Delta x \\ y = y_0 + \Delta y \end{cases} \tag{7-1}$$

利用齐次坐标，变换前后图像上的点 $P_0(x_0, y_0)$ 和 $P(x, y)$ 之间的关系可以用如下的矩阵变换表示为：

$$\begin{bmatrix} x \\ y \\ 1 \end{bmatrix} = \begin{bmatrix} 1 & 0 & \Delta x \\ 0 & 1 & \Delta y \\ 0 & 0 & 1 \end{bmatrix} \begin{bmatrix} x_0 \\ y_0 \\ 1 \end{bmatrix} \tag{7-2}$$

平移后的图像内容没有变化，但是"画布"一定要扩大，否则就会丢失一些信息。图 7-1
为图像平移示意图。

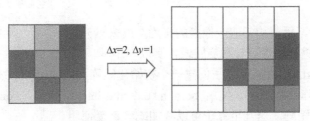

图 7-1　图像平移示意图

7.2.2　图像旋转

图像的旋转是指以图像中的某点为原点，按照顺时针或逆时针旋转一定的角度。图像逆
时针旋转的计算公式如下：

$$\begin{cases} i' = i\cos\theta - j\sin\theta \\ j' = i\sin\theta + j\cos\theta \end{cases} \tag{7-3}$$

其中(i, j)为原坐标，(i', j')为旋转以后的新坐标，
θ 为旋转角（逆时针为正，顺时针为负）。计算结果中
的新坐标值可能超过原图像所在的空间范围。因此，
在图像旋转时，为了避免信息的丢失，应当扩大"画
布"，并将旋转后的图像平移到新"画布"上，旋转结
果如图 7-2 所示。

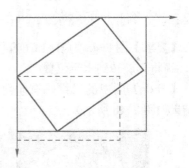

图 7-2　图像旋转示意图

【例 7-1】　请将图 7-3 中图 a 逆时针旋转 30°。

【分析】旋转角度为 30°，代入式（7-3）可以计算
得到图 7-3 中各个像素旋转以后的新坐标，以下为计
算结果：

(1,1)->(0,1)，(1,2)->(0, 2)，(1,3)->(0,3)，(2,1)->(1, 2)，(2,2)->(1,3)，(2,3)->(1, 4)，(3,1)->(2,
2)，(3,2)->(2,3)，(3,3)->(2,4)

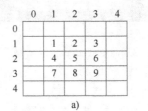

图 7-3　旋转示例

旋转结果如图 7-3 中图 b 所示，图像旋转之后，有可能出现两个问题。

● 因为相邻像素之间只能有八个方向，而旋转方向却是任意的，使得像素的排列不是完全按照原有的相邻关系。

● 会出现许多空洞点。因此，常采用插值方法来进行处理。

常用的插值方式有两种。

（1）近邻插值法

对于判断为空洞点的像素，用其同一行或列中的相邻像素值来填充。

（2）均值插值法

对于空洞的像素，用其相邻四个像素的平均灰度来填充。

在 HALCON 中进行图像平移和旋转通常有以下步骤。

1）通过 hom_mat2d_identity 算子创建一个初始化矩阵（即[1.0, 0.0, 0.0, 0.0, 1.0, 0.0]）。

2）在初始化矩阵的基础上，使用 hom_mat2d_translate（平移）、hom_mat2d_rotate（旋转）等生成仿射变换矩阵，这几个算子可以叠加或者重复使用。

3）根据生成的变换矩阵执行仿射变换，执行仿射变换的算子通常有：affine_trans_image、affine_trans_region、affine_trans_contour_xld，即对于图像、区域、亚像素轮廓（extended Line Descriptions，XLD）都可以执行仿射变换。

除此之外，HALCON 中还常用 vector_angle_to_rigid(: : Row1, Column1, Angle1, Row2, Column2, Angle2 : HomMat2D)来创建旋转、平移的变换矩阵。

其中，Row1, Column1 为图形中心点的原始坐标，Angle1 为图形的原始角度；Row2, Column2 为变换后的图形中心点的坐标，Angle2 为变换后的图像角度。

7.2.3　案例——标签旋转

【要求】图 7-4a 为 HALCON 附图 "25interleaved_exposure_04"，里面为旋转的二维码标签，请将其旋转到水平位置。

【分析】图中的二维码有倾斜角，因此需要计算出二维码标签的倾斜角，再进行旋转（结果如图 7-4b 所示）。

a)　　　　　　　　　　　　　　　　　b)

图 7-4　二维码（HALCON 附图 "25interleaved_exposure_04"）

【源代码】

```
+++++++++++++++++++++++++++++++++++++++++++++++++++++++++++++++++++++++++++++
read_image (Image, '25interleaved_exposure_04.png')
```

```
threshold (Image, Regions, 49, 255)
connection (Regions, ConnectedRegions)
*用特征选择去除小噪声点
select_shape (ConnectedRegions, SelectedRegions, 'area', 'and', 7790.9, 235228)
shape_trans (SelectedRegions, RegionTrans, 'rectangle2')
*计算出二维码标签的中心点坐标，即为旋转中心坐标
area_center (RegionTrans, Area, Row, Column)
reduce_domain (Image, RegionTrans, ImageReduced)
*计算出二维码的倾斜角度
orientation_region (RegionTrans, Phi)
*创建初始化矩阵
hom_mat2d_identity (HomMat2DIdentity)
*创建旋转变换矩阵
hom_mat2d_rotate (HomMat2DIdentity, -Phi, Row, Column, HomMat2DRotate)
*实行仿射变换
affine_trans_image (ImageReduced, ImageAffinTrans, HomMat2DRotate, 'constant', 'false')
```

+++

7.2.4　图像镜像

图像的镜像变换分为水平镜像和垂直镜像，下面分别介绍这两种镜像。无论是水平镜像还是垂直镜像，镜像后的图像高度和宽度都保持不变。

以图像垂直中轴线为中心，交换图像的左右两部分。假设图像的大小为 $M \times N$，水平镜像计算公式为：

$$\begin{cases} i' = i \\ j' = N - j + 1 \end{cases} \tag{7-4}$$

其中，(i, j) 为原图像某个像素的坐标，(i', j') 为该像素在新图像中的坐标。图 7-5 为图像水平镜像原理示意图。

以图像水平中轴线为中心，交换图像的上下两部分。设图像的大小为 $M \times N$，垂直镜像的计算公式为：

$$\begin{cases} i' = M - i + 1 \\ j' = j \end{cases} \tag{7-5}$$

其中，(i, j) 为原图像某个像素的坐标，(i', j') 为该像素在新图像中的坐标。图 7-6 为图像垂直镜像示意图。

1	2	3
4	5	6
7	8	9

3	2	1
6	5	4
9	8	7

1	2	3
4	5	6
7	8	9

7	8	9
4	5	6
1	2	3

图 7-5　水平镜像原理示意图　　　　　　图 7-6　垂直镜像原理示意图

在 HALCON 中与镜像相关的算子为 mirror_image(Image：ImageMirror：Mode：)和 mirror_region(Region：RegionMirror：Mode, Width, Height：)，分别对应图像旋转和区域旋

转，其中的 Mode 为方式选择，可以选择水平、垂直和对角三种旋转方式。

7.2.5 案例——图像镜像

【要求】图 7-7 中为 HALCON 的例图"green-dot"，请将其中的圆形图案按水平和垂直两个方向分别进行镜像。

图 7-7 例图"green-dot"

【分析】首先要用 BLOB 分析的方法，得到圆形图案的目标区域，再对其进行镜像。

【源代码】

```
++++++++++++++++++++++++++++++++++++++++++++++++++++++++++++++++
read_image (Image, 'green-dot')
*BLOB 分析，得到目标区域
threshold (Image, Regions, 0, 133)
connection (Regions, ConnectedRegions)
*用面积筛选出圆形区域，如图 7-8a 所示
select_shape (ConnectedRegions, SelectedRegions, 'area', 'and', 8930.15, 66224.6)
*水平方向镜像，如图 7-8b 所示
mirror_region (SelectedRegions, RegionMirror, 'row', 512)
*垂直方向镜像，如图 7-8c 所示
mirror_region (RegionMirror, RegionMirror1, 'column', 512)
++++++++++++++++++++++++++++++++++++++++++++++++++++++++++++++++
```

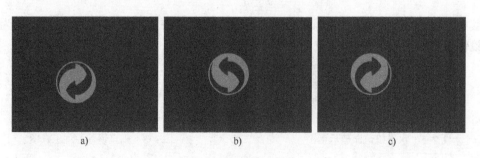

图 7-8 镜像效果图

7.3　图像的形状变换

所谓图像的形状变换是指图像的形状发生了变化，主要包括放大、缩小、错切等。

7.3.1　图像的缩小

图像的缩小有按比例缩小和不按比例缩小两种情况。图像缩小之后，像素的个数减少，承载的信息量少了，图像尺寸可以相应缩小。图像缩小方法有两种：①基于等间隔采样的缩小方法；②基于局部均值的缩小方法。

基于等间隔采样的缩小方法：通过对原图像的均匀采样，等间隔地选取一部分像素，从而获得小尺寸图像的数据，并且尽量保持原有图像特征不丢失，如图 7-9 所示。

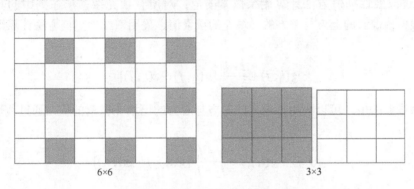

图 7-9　等间隔采样缩小法示意图

从上面的例子中可以看出基于等间隔采样的方法，如果采样点选择不同，有可能得到不同的计算结果，这实际上无法反映被采样的像素的真实信息。为此可采用基于局部均值的图像缩小方法，即先按行列缩小比例，计算采样间隔 $\Delta i=1/k_1$，$\Delta j=1/k_2$，得到采样点的坐标，其中 k_1 和 k_2 为图像缩小比例；再以采样点为中心，在一定局域内，求区域内所有原图像的像素值的均值，作为新图像的像素值。这样缩小的图像效果会比较自然，因为包含了所有像素的信息。

7.3.2　图像的放大

图像放大有两种方法：基于像素放大原理的图像放大方法和基于双线性插值的图像放大方法。基于像素放大原理的图像放大方法的思想是：如果需要将原图像放大 k 倍，则将原图像中的每个像素值，填在新图像中对应的 $k\times k$ 大小的子块中，如图 7-10 所示。

按照这样的处理，当图像放大 $k_1\times k_2$ 倍，就好像每个像素放大了 $k_1\times k_2$ 倍，这种放大方法会导致所有的像素放大后呈现出一个矩形块，因此图像中会出现"马赛克现象"。

1	1	1	2	2	2
1	1	1	2	2	2
1	1	1	2	2	2
3	3	3	4	4	4
3	3	3	4	4	4
3	3	3	4	4	4

1	2
3	4

a)　　　　　　　　b)

图 7-10　图像放大示意图

a) 原图　b) 放大 3 倍后的效果

基于双线性插值的图像放大方法能够有效消除图像放大时出现的"马赛克现象"，使得图像的放大效果更加自然。

基于双线性插值的图像放大步骤如下：

1）确定每一个原图像的像素在新图像中对应的子块。

2）对新图像中的每一个子块，仅对其一个像素进行填充。在每个子块中选取一个填充像素的方法如下。

- 对右下角的子块，选取子块中右下角的像素。
- 对末列、非末行子块，选取子块中的右上角像素。
- 对末行、非末列子块，选取子块中的左下角像素。
- 对剩余的子块，选取子块中的左上角像素。

3）通过双线性插值方法计算剩余像素的值：对所有填充像素所在列中的其他像素的值，可以根据该像素的上方与下方的已填充的像素值，采用双线性插值方法计算得到。

4）

$$g(i_1, j) + \frac{i - i_1}{i_2 - i_1}[g(i_2, j) - g(i_1, j)] \tag{7-6}$$

对剩余像素的值，可以利用该像素的左方与右方的已填充像素的值，通过线性插值方法计算得到。

$$g(i, j) = g(i, j_1) + \frac{j - j_1}{j_2 - j_1}[g(i, j_2) - g(i, j_1)] \tag{7-7}$$

在 HALCON 中与图像缩放相关的常用算子如下。

（1）zoom_image_factor(Image : ImageZoomed : ScaleWidth, ScaleHeight, Interpolation :)

说明：按比例缩放，其中的 ScaleWidth, ScaleHeight 为设置缩放比例，Interpolation 为选择插值方式。

（2）zoom_image_size(Image : ImageZoom : Width, Height, Interpolation :)

说明：按尺寸缩放，将图像缩放到 Width, Heigh 大小。

7.3.3 图像的错切

图像的错切变换可看成是平面景物在投影平面上的非垂直投影效果，其原理示意图如图 7-11 所示。错切变换可分为两种。一种是水平错切，水平方向的线段发生倾斜。另一种是垂直错切，垂直方向的线段发生倾斜。

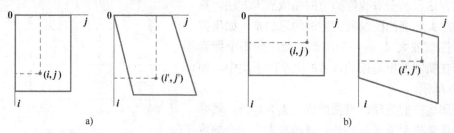

图 7-11   图像错切原理示意图

a) 水平错切   b) 垂直错切

式（7-8）为水平错切计算公式，式（7-9）为垂直错切计算公式：

$$\begin{cases} i' = i + d_i j \\ j' = j \end{cases} \tag{7-8}$$

$$\begin{cases} i' = i \\ j' = j + d_j i \end{cases} \tag{7-9}$$

HALCON 中的错切算子为 hom_mat2d_slant(::HomMat2D,Theta,Axis,Px,Py: HomMat2DSlant)，其中的 Theta 为错切角度，Axis 为错切的对称轴，Px,Py 为错切的中心点坐标。图 7-12a 为原图，图 7-12b 为垂直错切 10°，图 7-12c 为水平错切 10°。

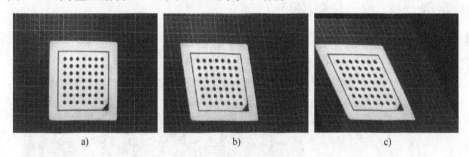

图 7-12　图像错切示意图

7.3.4　透射变换

透射变换是将图像投影到一个新的视平面，也称作投影映射。图 7-13 为一个透射变换的示意图。

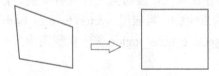

图 7-13　透射变换示意图

透射变换通用的变换公式为：

$$(x', y', w') = (u, v, 1)\begin{pmatrix} a_{11} & a_{12} & a_{13} \\ a_{21} & a_{22} & a_{23} \\ a_{31} & a_{32} & a_{33} \end{pmatrix} \tag{7-10}$$

其中(u,v)为原图中点的坐标，(x,y)为与之对应的变换后的点坐标，$x=x'/w'$, $y=y'/w'$。
由式（7-10）可以得到下式：

$$x = \frac{x'}{w'} = \frac{a_{11}u + a_{21}v + a_{31}}{a_{13}u + a_{23}v + a_{33}} \tag{7-11}$$

$$y = \frac{y'}{w'} = \frac{a_{12}u + a_{22}v + a_{32}}{a_{13}u + a_{23}v + a_{33}} \tag{7-12}$$

由式（7-11）和式（7-12）可知，如果已知几对(u,v)和(x,y)，可以求出透射变换矩阵。

在 HALCON 中还常用以下方法来实现图像的透射变换：

（1）应用算子 vector_to_proj_hom_mat2d(: : Px, Py, Qx, Qy, Method, CovXX1, CovYY1, CovXY1, CovXX2, CovYY2, CovXY2 : HomMat2D, Covariance)来创建投影变换矩阵。其中的 Px、Py 为图像变换前图像的顶点坐标，Qx, Qy 为与之对应的变换后图像顶点坐标。

（2）应用 projective_trans_image(Image : TransImage : HomMat2D, Interpolation, AdaptImageSize, TransformRegion :)或者 projective_trans_region(Regions : TransRegions : HomMat2D, Interpolation :)实现对图像或区域的变换。

7.3.5   案例——二维码位姿校正

【要求】对图 7-14a 图中的二维码进行校正。（HALCON10.0 自带例图，路径"images/datacode/ecc200/ecc200_to_preprocess_001.png"）

a)   b)

图 7-14   变形的二维码

【分析】图中的二维码存在畸变，需对其进行透射变换。首先获得图中二维码四个顶点的坐标，设置好变换后的顶点坐标，再应用 vector_to_proj_hom_mat2d 算子，获得透射变换的变换矩阵，最后应用 projective_trans_region 算子实现图中二维码的校正。

【源代码】

```
++++++++++++++++++++++++++++++++++++++++++++++++++++++++++++++++++++++++++
dev_set_draw ('margin')//设置填充模式
read_image (Image, 'ecc200_to_preprocess_001.png')
threshold (Image, Region, 0,90)//二值化获取二维码的区域
*获得二维码区域轮廓
shape_trans (Region, RegionTrans, 'convex')
gen_contour_region_xld (RegionTrans, Contours, 'border')//区域转轮廓
*获得轮廓的四条边
segment_contours_xld (Contours, ContoursSplit, 'lines', 5, 10, 1)
*定义数组，保存四边形的四个顶点坐标
XCoordCorners := []//保存四边形的顶点 X 坐标
YCoordCorners := []//保存四边形的顶点 Y 坐标
*对轮廓进行排序
sort_contours_xld (ContoursSplit, SortedRegions, 'lower_left', 'true', 'row')
count_obj (SortedRegions, Number)//获取区域数量
```

```
for Index := 1 to Number by 1
    select_obj (SortedRegions, ObjectSelected, Index)
fit_line_contour_xld (ObjectSelected, 'tukey', -1, 0, 5, 2, RowBegin, ColBegin, RowEnd, ColEnd, Nr, Nc,
Dist)//将轮廓拟合成直线
tuple_concat (XCoordCorners, RowBegin, XCoordCorners)//保存顶点的 x 坐标
tuple_concat (YCoordCorners, ColBegin, YCoordCorners)//保存顶点的 y 坐标
endfor
*显示出顶点
gen_cross_contour_xld (Crosses, XCoordCorners, YCoordCorners, 6, 0.785398)
*获取透射变换参数 HomMat2D
vector_to_proj_hom_mat2d (XCoordCorners, YCoordCorners,  [px1,px2,px2,px1] , [py1,py1,py2,py2] ,
'normalized_dlt', [], [], [], [], [], [], HomMat2D1, Covariance)//计算透射变换矩阵
projective_trans_image (Image, TransImage1, HomMat2D1, 'bilinear', 'false', 'false')
*对图像进行透射变换，结果如图 7-14b 所示
```

++

习题

1．图像上的 A 点的坐标为(100,100)，被移动到 A′，坐标为(200,200)，请计算出变换矩阵，并编程实现。

2．图像上有一条线段，起点 A 坐标为(100,100)，终点 B 坐标为(200,200)，将线段旋转30°，请计算出变换矩阵，并编程实现。

3．在画图软件中画出一个半径为 30 个像素的圆，将圆的半径增大到 60 个像素，计算出变换矩阵，并编程实现。

4．在画图软件中画出一个平行四边形，将其他变换为相同大小的长方形，计算出变换矩阵，并编程实现。

5．请将图 7-15 中的元器件旋转至与水平方向，并使得元器件的中心与图像的中心位置重合（注：图 7-15 为 HALCON 中自带附图，路径：HALCON 的安装位置\MVTec\HALCON-10.0\images\metal-parts）。

图 7-15　"bracket_tilted_02"

6．求图 7-16 中深色四边形的与坐标平行的外接矩形，并将四边形变换为该外接矩形。

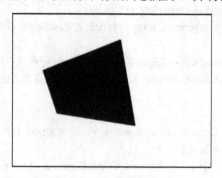

图 7-16　透射变换

第8章 图像特征与提取

图像特征并没有准确的定义，一般来说，图像特征应该具有可重复性、可区分性、集中以及高效等特性，还要不受图像亮度、尺度、旋转和仿射变换等的影响。特征提取是指从图像中提取出表示其特征的信息的处理过程，它是模式识别、图像理解的前提和基础。

学习目标
- 了解图像特征概念和类别。
- 掌握常用的图像特征如区域特征、灰度特征、角点特征、边缘特征、骨架特征等。
- 练习用 HALCON 中图像特征的相关的算子提取图像特征。

8.1 图像特征

图像特征通常是指用来区分图像类别的特征和属性，它通常需要通过分析和变换获得。图像特征有多种分类方法。
- 按照特征本身的形态和属性，可以分为区域特征、灰度特征等。
- 按照人的视觉感觉，可以分为直观特征和变换特征。直观特征指的是人们比较容易通过视觉直接观察得到特征，如边缘特征、骨架特征、图像亮度、几何形状、纹理、色彩等。变换特征需要通过变换获得，如统计特征、直方图特征、频谱特征等等。
- 按照特征的适用范围可以分为：全局特征，如颜色直方图、灰度共生矩阵特征、空间包络特征（Spatial Envelope Features，SEF）等。局部特征，如尺度不变特征变换（Scale-invariant Feature Transform，SIFT）特征、方向梯度的直方图（Histogram of Oriented Gradients，HOG）特征等。
- 按照人的语义理解程度可以分为：底层特征，即所有直接提取自图像的特征；语义特征，有直接的语义定义，或者直接和语义相关的；介于两者之间的中层特征。

本章将介绍几种最常见的图像特征和提取方法。

8.2 边缘特征

人类通过观察物体边缘就能够识别物体。因此，边缘特征是图像中最基本也是最重要的特征。目前，边缘特征还没有严格精确的定义。一般来说，两个具有不同灰度的均匀图像区域的边界称为边缘，它具有以下特征：沿边缘方向的灰度变化比较平缓，而沿边缘法线方向的灰度变化比较剧烈。

图像中物体边缘通常表现为图像局部亮度变化最显著的部分，例如灰度值的突变、颜色的突变、纹理结构的突变等。图像边缘的类型包括：阶梯状边缘、屋脊状边缘和线条状边缘。各种边缘类型如图 8-1 所示。

a) b) c)

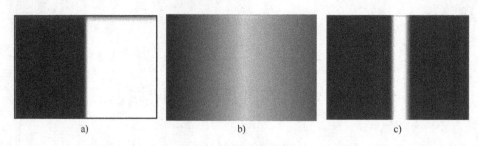

图 8-1 图像边缘类型图

a) 阶梯状边缘 b) 屋脊状边缘 c) 线条状边缘

边缘检测的基本原理是找到亮度快速变化的地方。目前为止最通用的方法是检测亮度值的不连续性，用一阶和二阶导数检测。常用的方法有：①阈值法，找到亮度的一阶导数在幅度上比指定的阈值大的地方；②零交叉法，找到亮度的二阶导数有零交叉的地方。

边缘检测的通常做法是先应用图像滤波算法对图像噪声进行处理，再求灰度函数的一阶或者二阶导数，最后通过选取合适的阈值，计算出灰度导数的极大值或零点。

经典的边缘检测算法有 Roberts 算子、Prewitt 算子、Sobel 算子、拉普拉斯、高斯（LOG）算法及 Canny 边缘检测器等。

8.2.1 差分边缘检测算子

对水平方向的相邻点进行差分处理可以检测垂直方向上的亮度变化，称为垂直边缘检测算子；对垂直方向的相邻点进行差分处理可以检测水平方向上的亮度变化，称为水平边缘检测算子。

水平边缘检测算子和垂直边缘检测算子，可分别用式（8-1）和式（8-2）表示：

$$g(x,y)=f(x+1,y)-f(x,y) \tag{8-1}$$

$$g(x,y)=f(x,y+1)-f(x,y) \tag{8-2}$$

图 8-2 中的图 8-2a 和图 8-2b 分别为垂直边缘检测算子和水平边缘检测算子对应的模板。

0	0	0
0	−1	1
0	0	0

a)

0	0	0
0	−1	0
0	1	0

b)

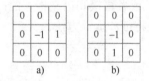

图 8-2 差分边缘检测算子模板

【例 8-1】 用差分边缘检测算子，计算出图 8-3a 中图像的边缘。

图 8-3a 中阴影部分中每个单元的灰度值与模板的对应数值相乘后相加，结果为 0，将此作为阴影部分中心像素的输出。水平边缘检测算子和垂直边缘检测算子的计算结果如图 8-3b 和 8-3c 所示。如果将阈值设置为 200，则分别可以检测出垂直方向和水平方向的边缘点。

255	255	255	255	255	255	255
255	255	255	255	255	255	255
255	255	0	0	0	255	255
255	255	0	0	0	255	255
255	255	0	0	0	255	255
255	255	255	255	255	255	255
255	255	255	255	255	255	255

a)

0	0	0	0	0
0	−255	0	0	255
0	−255	0	0	255
0	−255	0	0	255
0	0	0	0	0

b)

0	0	0	0	0
0	−255	−255	−255	0
0	0	0	0	0
0	0	0	0	0
0	−255	−255	−255	0
0	0	0	0	0

c)

图 8-3　差分边缘检测示例

8.2.2　Roberts 算子

Roberts 算子利用对角的四个像素的交叉差分来计算得到像素点的导数，可以用一个 2×2 的模板来表示，计算方法如式（8-3）所示。

$$g(x,y) = |f(x,y) - f(x+1,y+1)| + |f(x+1,y) - f(x,y+1)| \qquad (8-3)$$

图 8-4 为 Roberts 算子对应的两个模板。

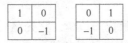

图 8-4　Roberts 算子模板

在利用式（8-3），可计算出图像的梯度值 $g(x,y)$，设置一个阈值 TH，当 $g(x,y)>TH$ 时，点(x,y)为边缘点。

HALCON 中的 Roberts 算子为：roberts(Image : ImageRoberts : FilterType :)

其中主要参数的含义如下。

● Image：输入图像。

● ImageRoberts：为输出图像。

● FilterType：角点导数的计算方式。

8.2.3　Sobel 算子

Sobel 算子是通过计算像素点四个方向差值的加权和，根据其在边缘点处达到极值这一现象进行边缘的检测。计算方法如式（8-4）、式（8-5）所示。

$$s_x = \{f(x+1,y-1)\} + 2f(x+1,y) + f(x+1,y+1)\} - \\ \{f(x-1,y-1) + 2f(x-1,y) + f(x-1,y+1)\} \qquad (8-4)$$

$$s_y = \{f(x-1,y+1) + 2f(x,y+1) + f(x+1,y+1)\} - \\ \{f(x-1,y-1) + 2f(x,y-1) + f(x+1,y-1)\} \qquad (8-5)$$

Sobel 算子对应的模板如图 8-5 所示。

−1	0	1
−2	0	2
−1	0	1

−1	−2	−1
0	0	0
1	2	1

图 8-5　Sobel 算子模板

Sobel 算子的梯度大小为： $g(x,y)=\sqrt{s_x^2+s_y^2}$ (8-6)

Sobel 算子的梯度方向为： $\theta=\arctan\left(s_y/s_x\right)$ (8-7)

【例 8-2】 求图 8-3a 中阴影部分其中心像素的梯度大小。

中心像素的梯度大小计算结果如下：

$$s_x=(-1)\times255+255+(-2)\times255+2\times255+(-1)\times255=-255$$

$$s_y=(-1)\times255+(-2)\times255+255+255=-255$$

按照式（8-6）和式（8-7）可以计算得到，梯度大小约为 360，梯度方向为 45^0。
Sobel 算子不仅提取的边缘图像清晰，而且使用简单，对噪声也有很好的鲁棒性。

HALCON 中与 Sobel 算子相关的算子为：

1）sobel_amp(Image : EdgeAmplitude : FilterType, Size :)，计算图像中像素的梯度大小。

2）sobel_dir(Image : EdgeAmplitude, EdgeDirection : FilterType, Size :)，计算图像中像素的梯度方向。

8.2.4 canny 算子

canny 算子的目标是找出一个最优的边缘。它先是用高斯滤波对图像进行降噪处理，然后使用 4 个模板分别检测水平、垂直以及对角线方向的梯度以及边缘方向。最后，用两个阈值——高阈值与低阈值来跟踪边缘，即从一个较大的阈值开始，标识出比较确信的真实边缘，再根据前面导出的方向信息，使用一个较小的阈值，检测出潜在的边缘，最后，通过抑制孤立的弱边缘完成边缘检测。

HALCON 中的 canny 算子：

edges_image(Image : ImaAmp, ImaDir : Filter, Alpha, NMS, Low, High :)

其中主要参数的含义如下。

● ImaAmp：边缘梯度图。

● ImaDir：边缘方向图。

● Filter：滤波算子选择，设置为 "canny" 可以调用 canny 算子。

图 8-6 中图 8-6a 为原图，图 8-6b 为 canny 算子边缘检测后的结果。

a)

b)

图 8-6 canny 算子示例

8.2.5　Prewitt 算子

　　Prewitt 算子的目的是为了更加抗噪，同时使边缘更加清晰，在边缘较为平滑且要求精度不高时被广泛应用，适合用来识别噪声较多、灰度渐变的图像。它的水平检测算子和垂直检测算子如式（8-8）和式（8-9）所示：

$$s_x = \{f(x+1, y-1) + f(x+1, y) + f(x+1, y+1)\} - \{f(x-1, y-1) + f(x-1, y) + f(x-1, y+1)\} \tag{8-8}$$

$$s_y = \{f(x-1, y+1) + f(x, y+1) + f(x+1, y+1)\} - \{f(x-1, y-1) + f(x, y-1) + f(x+1, y-1)\} \tag{8-9}$$

Prewitt 算子对应的模板如图 8-7 所示。

-1	0	1
-1	0	1
-1	0	1

-1	-1	-1
0	0	0
1	1	1

图 8-7　Prewitt 算子模板

　　HALCON 中的 Prewitt 算子如下。

　　prewitt_amp(Image : ImageEdgeAmp : :)，计算图像中像素的梯度大小。

　　prewitt_dir(Image : ImageEdgeAmp, ImageEdgeDir : :)，计算图像中像素的梯度方向。

8.2.6　案例——用边缘检测提取公路标线

　　【要求】图 8-8 为 HALCON 中的例图 "scene_00"，请检测出其中的公路标线。

图 8-8　例图 "scene_00"

　　【分析】先用边缘检测，提取出公路上的标线边缘。再通过膨胀算子，得到含有路标的邻近区域。最后通过 BLOB 分析，从中检测出马路标线。

　　【源代码】

```
read_image (ActualImage, 'autobahn/scene_00')
```

```
*在原图中划出检测区域
gen_rectangle1 (Rectangle, 130, 0, 512, 512)
reduce_domain (ActualImage, Rectangle, ReduceImage)
*用 Sobel 算子对原图进行边缘检测，如图 8-9a 所示
sobel_amp (ReduceImage, Amp, 'sum_abs', 3)
*提取边缘线
threshold (Amp, Points, 20, 255)
*膨胀运算，得到包含公路标线的邻近区域
dilation_rectangle1 (Points, RegionDilation, 30, 30)
*从原图中截图，获得含有公路标线的灰度图
reduce_domain (ActualImage, RegionDilation, StripGray)
*用阈值分割，提取出公路标线
threshold (StripGray, Strip, 190, 255)
fill_up (Strip, RegionFillUp)
```

++

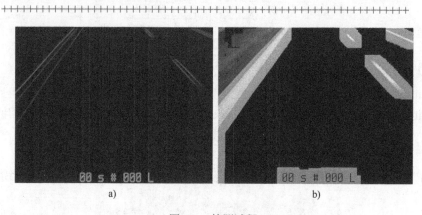

a)   b)

图 8-9   检测过程

8.3   图像的骨架特征

8.3.1   骨架的原理

图像的骨架特征，可以简单地理解为图像的中轴。即一个长方形的骨架就是它的中轴线，圆的骨架是它的圆心，而直线的骨架是它自身，孤立点的骨架也是自身。图 8-10 为骨架示例，图 8-10b 为图 8-10a 的骨架。

1234567890   1234567890
a)   b)

图 8-10   骨架示例

骨架虽然从原来的物体图像中去掉一些点，但仍然保持了原来物体的结构信息。骨架提取技术可以用于压缩图像，用在图像识别中可以降低计算量。

骨架的获取有两种方法。

一种是火烧模型。即图像的四周被相同火势点燃，燃烧速度一致，火势由图像四周向内部燃烧时，火焰相遇处即为骨架。

另外一种是最大圆盘法。最大圆盘为完全包含在物体内部并且与物体边界至少有两个切点的圆，而骨架就是由目标内所有内切圆盘的圆心组成的。图 8-11 为最大圆盘法的示意图。

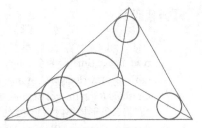

图 8-11　最大圆盘法示意图

HALCON 中的骨架算子为 skeleton(Region : Skeleton : :)。

其中主要参数的含义如下。

● Region：输入的区域。

● Skeleton：输出的骨架。

● skeleton 与 distance_transform 算子组合使用，可以检测目标的缺陷。

distance_transform(Region : DistanceImage :Metric,Foreground,Width,Height)算子输出一幅图像，图像表示每个点到区域 region 的距离分布。

其中主要参数的含义如下。

● Region：目标区域。

● DistanceImage：距离图像。

● Foreground：计算方式设置。Foreground 为 TRUE 表示测试 region 内部的点到 region 边缘的距离；为 FALSE 表示在 region 外的点到 region 的边缘。

● Width,Height：输入的计算距离的范围。

● Metric：用于测量距离的方法。

8.3.2　案例——长条形物体上的缺陷检测

【要求】图 8-12 中的长条形物体上有若干处缺陷，请检测出缺陷，并在图上标出其位置。

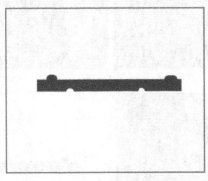

图 8-12　有缺陷的长条形物体

【分析】图 8-12 中为规则的长条形物体，在正常情况下，物体上的点到物体的中轴的距离应该在一定范围内，如果存在偏差超过一定范围，则可判断为存在缺陷。因此，可以先通过 distance_transform 算子，获得目标区域点到边缘的距离分布图像。再通过 skeleton 算子，得到目标区域的骨架。计算得到目标区域骨架上的点的距离分布，据此判断分布是否超过范围，则可检测出缺陷。

【源代码】

```
++++++++++++++++++++++++++++++++++++++++++++++++++++++++++++++++++++
read_image (Image, '8-12.png')
rgb1_to_gray (Image, GrayImage)
threshold (GrayImage, Region, 0,128)
*获得长条形物体内点到边缘的距离分布图，如图 8-13a 所示
distance_transform (Region, DistanceImage, 'city-block', 'true', 640, 480)
*提取出长条形物体的骨架，如图 8-13b 所示。
skeleton (Region, Skeleton)
*提取目标区域骨架上的点的距离分布，如图 8-13c 所示
reduce_domain (DistanceImage, Skeleton, ImageReduced)
*设定两个距离分布的区间，筛选出缺陷点
threshold (ImageReduced, Region1, 0, 15)
threshold (ImageReduced, Region2, 20, 127)
union2 (Region1, Region2, RegionUnion)
connection (RegionUnion, ConnectedRegions)
*计算得到缺陷的中心点坐标
area_center (ConnectedRegions, Area, Row, Column)
dev_display (GrayImage)
dev_set_color ('white')
*将缺陷的位置在原图上显示，如图 8-13d 所示
disp_cross (3600, Row, Column, 20, 0)
++++++++++++++++++++++++++++++++++++++++++++++++++++++++++++++++++++
```

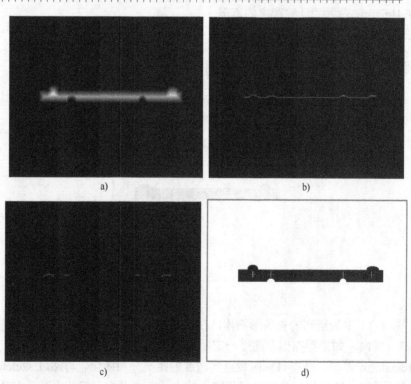

图 8-13 缺陷检测过程

8.4　区域特征

8.4.1　常用区域特征

机器视觉中所说的区域是指具有一定的界线，且内部表现出明显的相似性和连续性，与外部具有显著的差异性的一块连通域。

在 HALCON 中用一个特殊的数据类型 region 来代表区域。

机器视觉中常用区域面积来表征区域的大小，用区域重心的坐标来表示区域的位置，用区域几何矩来表征区域的形状，用区域的外接椭圆来表征区域的方向和位置。

（1）区域面积

区域面积是最简单直观的区域特征，其特征值就是区域内像素点的总数，可以用式（8-10）表示。

$$a = |R| = \sum_{(i,j)\in R} 1 \tag{8-10}$$

在 HALCON 软件中，区域面积特征可以用 area 算子获得。

（2）区域重心

$$x = \frac{\sum_{(i,j)\in R} i}{a} \tag{8-11}$$

$$y = \frac{\sum_{(i,j)\in R} j}{a} \tag{8-12}$$

其中 a 为区域面积。

（3）区域的几何矩

几何矩具有旋转、尺度不变性，可以用式（8-13）表示。

$$m_{p,q} = \sum_{(i,j)\in R} i^p j^q \tag{8-13}$$

由式（8-11）和式（8-12）可知，$m_{0,0}$ 即为区域面积。

几何矩中最重要的是二阶中心矩，即 $p+q=2$，包括 $M_{1,1}$，$M_{2,0}$，$M_{0,2}$ 三个值。在 HALCON 软件中，区域的二阶中心矩可以通过 moments_region_2nd(Regions∷M11, M20, M02, Ia, Ib) 计算获得，其中的 M11, M20, M02 为区域的几何特征；Ia, Ib 为区域的最长和最短轴长度。

（4）外接椭圆

图 8-14 中的 $r1$ 为外接椭圆的短轴，$r2$ 为外接椭圆的长轴。θ 为椭圆长轴与平面坐标系 x 轴正方向的夹角。上述三个参数可以由区域几何矩计算得到：

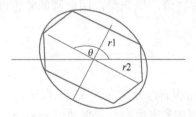

图 8-14　区域的外接椭圆

$$r_1 = \sqrt{2\left(m_{2,0} + m_{0,2} + \sqrt{(m_{2,0} - m_{0,2})^2 + 4m_{1,1}^2}\right)} \qquad (8\text{-}14)$$

$$r_2 = \sqrt{2\left(m_{2,0} + m_{0,2} - \sqrt{(m_{2,0} - m_{0,2})^2 + 4m_{1,1}^2}\right)} \qquad (8\text{-}15)$$

$$\theta = -\frac{1}{2}\arctan\frac{2u_{1,1}}{u_{0,2} - u_{2,0}} \qquad (8\text{-}16)$$

角度 θ 可以很好地用来估算区域的方向。

在 HALCON 软件中，区域外接椭圆的长轴 r_2、短轴 r_1 和夹角 θ 可以通过算子 elliptic_axis_gray(Regions, Image∶∶∶Ra, Rb, Phi)计算得到。

其中的主要参数的含义如下。

● Regions：为目标区域。

● Ra：长轴。

● Rb：短轴。

● Phi：夹角。

此外，还有一些常用的特征用来表征区域的形状。

以下是常用的区域特征。

（1）圆度

区域的圆度特征可以表征区域形状接近圆的程度，取值范围为 [0, 1] ，其中圆的圆度为 1。可以用式（8-17）表示。

$$c = \frac{区域面积}{区域的外接圆面积} \qquad (8\text{-}17)$$

在 HALCON 软件中，区域的圆度特征可以用 circularity(Regions∶∶∶Circularity)算子获得。

（2）矩形度

区域的矩形度特征可以表征区域形状接近矩形的程度，取值范围为[0, 1]，其中矩形的矩形度为1。可以用式（8-18）表示。

$$r = \frac{区域面积}{区域的外接矩形面积} \qquad (8\text{-}18)$$

在 HALCON 软件中，区域的矩形度特征可以通过 rectangularity(Regions∶∶∶Rectangularity)算子获得。

（3）紧密度

紧密度又称粗糙度，用来衡量一个形状的紧致程度及粗糙程度，取值范围为 [0, 1]。它可以理解为用不同长度的绳子围成一个面积一定的区域，使用的绳子长度越短则紧密度越高。又由于圆的边缘没有转角，很光滑，因此圆的紧密度为1。紧密度的计算方法见式（8-19）。

$$c = \frac{a^2}{2\pi\sqrt{m_{2,0}^2 + m_{0,2}^2}} \qquad (8\text{-}19)$$

其中的 a 为区域面积，$m_{2,0}$ 和 $m_{0,2}$ 分别为区域的二阶矩。

在HALCON软件中，区域的紧密度特征可以通过 roundness(Regions∶∶∶Distance, Sigma,

Roundness, Sides)算子获得。

8.4.2　案例——找出图中的六角螺帽

【要求】图 8-15 为 HALCON 中的例图
"rings_and_nuts"，请找出并统计其中的六角螺帽
的数量。

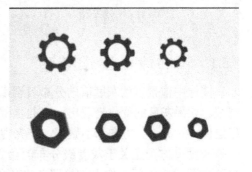

【分析】图中上部有一条横线，通过区域特征
中的"area"将其去除。图中有两类元器件，可通
过区域特征中的"num_sides"，即多边形的数量进
行区分。

图 8-15　rings_and_nuts

【源代码】

```
read_image (Image, 'rings_and_nuts')
*阈值分割
threshold (Image, Regions, 0, 180)
connection (Regions, ConnectedRegions)
*通过区域填充，将元器件中的孔洞填满
fill_up (ConnectedRegions, RegionFillUp)
*通过"area"特征，筛选掉图中上方的横线，如图 8-16 所示
select_shape (RegionFillUp, SelectedRegions, 'area', 'and', 2022.12, 10000)
*通过"num_sides"特征，筛选出六角螺帽
select_shape (SelectedRegions, SelectedRegions1, 'num_sides', 'or', 5.1106, 10)
*六角螺帽数量统计
count_obj (SelectedRegions1, Number)
```

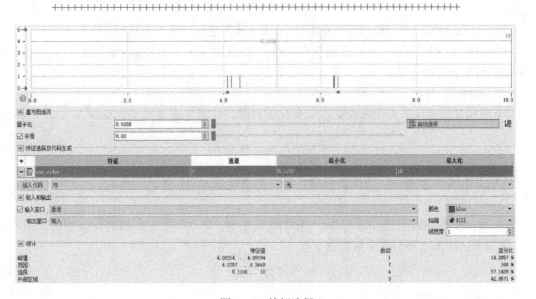

图 8-16　特征选择

8.5 灰度直方图特征

8.5.1 常用的灰度直方图特征

图像中像素点的灰度值的分布表现出的图像表面变化或者结构组织排列属性，称为灰度特征。如果灰度的变化表现出一定的重复性，则称为图像的纹理特征。灰度特征具有一定的稳定性，对大小、方向都不敏感，能表现出相当强的鲁棒性。

灰度直方图是关于灰度级分布的函数，是对图像中灰度级分布的统计。灰度直方图是将数字图像中的所有像素，按照灰度值的大小，统计其出现的频率。灰度直方图是灰度级的函数，它表示图像中具有某种灰度级的像素的个数，反映了图像中某级灰度出现的频率。

$$F(n) = \frac{\text{所有灰度值为}n\text{的像素点总数}}{\text{图像像素点总数}} \tag{8-20}$$

将灰度值分为 L 级，n 为灰度值所对应的灰度级。

在 HALCON 软件中，图像的灰度直方图特征可以通过 gray_histo 算子获得。

由式（8-20）可知，相似的纹理具有相似的直方图，因此在机器视觉中常用直方图或其统计特征作为图像纹理特征。

常用的基于直方图的统计特征有以下几种。

1. 灰度均值特征

图像中所有像素灰度的平均值，用来表征图像的明暗程度，计算方法见式（8-21）：

$$m = \frac{\sum\limits_{k=0}^{L-1} F(k) \times Z_k}{\sum\limits_{k=0}^{L-1} F(k)} \tag{8-21}$$

其中 $F(k)$ 为某级灰度级出现的频率，Z_k 为 k 级灰度所对应的灰度值。

在 HALCON 软件中，图像的灰度均值可以通过 intensity(Regions, Image : : Mean, Deviation)算子获得。

2. 灰度的方差

灰度图像用灰度的方差来表征明暗变化的程度。计算方法见式（8-22）：

$$\partial = \sqrt{\sum\limits_{k=0}^{L-1} Z_k - m^2 F(k)} \tag{8-22}$$

在 HALCON 软件中，图像的灰度方差可以通过 intensity 算子获得。

3. 平滑度

表征灰度图像纹理的平滑程度，取值范围为 [0, 1]。灰度完全相同的区域的平滑度为 1。灰度变化越大，则平滑度越趋近于 0。

$$R = \frac{1}{(1 + \partial^2)} \tag{8-23}$$

4. 图像灰度熵

图像灰度熵常用来表征图像的"杂乱"程度。从信息论的角度看，熵是一种图像特征的

统计形式,反映了图像中平均信息量的多少。其计算方法见式(8-24):

$$e = -\sum_{k=0}^{L-1} F(k)\log_2 F(k) \tag{8-24}$$

由式(8-24)可知,当图像只有一种灰度值时,图像的灰度熵为 0。随着像素灰度值变化增多,灰度熵的值增大。

在 HALCON 软件中,图像的灰度熵可以通过 entropy_gray(Regions, Image : : : Entropy, Anisotropy)算子获得。

基于灰度直方图的特征可以很好地反映出图像灰度分布的统计特征,但由于灰度直方图中没有图像的空间信息,因此,具有同一灰度直方图特征的图像,可能在空间分布上不同。如图 8-17 所示,两幅存在明显差异的图像,灰度直方图完全一致。此外,基于灰度直方图的灰度特征还存在易受光线干扰等问题。

图 8-17　灰度直方图一致的两幅图像

8.5.2　案例——红外物体的热点温度检测

【要求】图 8-18 为 HALCON 中的例图 "harddisk_temperature" 为硬盘的红外照片,请检测出图中热点区域,并加以标记。

图 8-18　例图 "harddisk_temperature"

【分析】由于热点在红外图像上显示为灰度值高区域,因此,可以通过灰度值筛选出热点区域,再通过计算区域灰度直方图的特征,对该区域的热度进行量化。

【源代码】

```
++++++++++++++++++++++++++++++++++++++++++++++++++++++++++++++++++++++
read_image (Image, 'infrared/harddisk_temperature')
*利用灰度值的差别，筛选出热点区域
threshold (Image, Regions, 158, 217)
connection (Regions, ConnectedRegions)
*计算出热点区域的数量
count_obj (ConnectedRegions, Number)
TemperatureScaling := 0.28
for i:= 1 to Number by 1
    select_obj (ConnectedRegions, ObjectSelected, i)
*将每个热点区域单独分离，计算其灰度特征值，如图 8-19a 所示
    reduce_domain (Image, ObjectSelected, ImageReduced)
intensity (ObjectSelected, Image, Mean1, Deviation)
    area_center (ObjectSelected, Area, Row1, Column1)
disp_cross (3600, Row1, Column1, 20, 0)
*显示出每个热点区域的灰度平均值和位置，如图 8-19b 所示
    disp_message (3600, (Mean1 * TemperatureScaling)$'.4', 'image', Row1+10, Column1+10, 'blue',
'false')
    endfor
++++++++++++++++++++++++++++++++++++++++++++++++++++++++++++++++++++++
```

a)   b)

图 8-19 检测过程

8.6 图像的纹理特征

图像的纹理特征是一种全局特征，以像素及其周围空间邻域的灰度分布的缓慢变化来表现，或者表现为局部纹理信息不同程度上的重复性，它反映图像中具有同质现象的视觉特征。

纹理特征只是一种物体表面的特性，并不能完全反映出物体的本质属性，它需要在包含多个像素点的区域中进行统计计算。纹理特征具有旋转不变性，有较强的抗噪能力。在模式匹配中，这种区域性的特征具有较大的优越性，不会由于局部的偏差而无法匹配成功。

但是，纹理特征受图像分辨率、光照、角度等的影响较大，且当纹理之间的粗细、疏密

等易于分辨的信息之间相差不大的时候，通常的纹理特征很难准确地被人的视觉辨别出不同纹理之间的差别。

常用的纹理特征提取与匹配方法有灰度共生矩阵、Tamura 纹理特征、自回归纹理模型、小波变换等。

8.6.1　灰度共生矩阵原理

图像的灰度共生矩阵是反映图像灰度关于方向、相邻间隔、变化幅度的综合信息，它是分析图像的局部模式和它们排列规律的基础，灰度共生矩阵的定义如下：

在大小为 $M×N$ 的图像上的一点 A，坐标为 (x_1,y_1)，它的灰度值为 g_1；与之相对应，在图像上的另一点 B，坐标为 (x_1+a,y_1+b)，它的灰度值为 g_2。当点 A 在图像上移动时，会产生各种 (g_1, g_2) 值。设灰度值的级数为 k，则 (g_1, g_2) 的组合共有 k^2 种，构成一个 $k×k$ 的矩阵。统计每种 (g_1, g_2) 出现的数量，再用 (g_1, g_2) 出现的总次数归一化为出现的概率，填入矩阵中相应的位置，该矩阵被称为灰度共生矩阵。

如图 8-20 所示，图 8-20a 为一图像矩阵，图像中的像素灰度值级数为 4；图 8-20b 为当 $a=1$，$b=1$ 时的灰度共生矩阵。

0	3	3	3
2	1	2	1
0	0	2	1
1	1	2	1

a)

0	0.25	0.125	0
0	0	0.125	0
0.25	0.125	0	0
0	0.125	0.125	0

b)

图 8-20　灰度共生矩阵

当 (a, b) 取不同的数值组合，可以得到不同情况下的灰度共生矩阵。(a, b) 取值要根据纹理周期分布的特性来选择，对于较细的纹理，选取 $(1, 0)$、$(1, 1)$、$(2, 0)$ 等小的差分值。

当 $a=1$，$b=0$ 时，像素对是水平的，即 0°扫描；当 $a=0$，$b=1$ 时，像素对是垂直的，即 90°扫描；当 $a=1$，$b=1$ 时，像素对是右对角线的，即 45°扫描；当 $a=-1$，$b=1$ 时，像素对是左对角线的，即 135°扫描。

由灰度共生矩阵的定义可知，如果图像是由具有相似灰度值的像素块构成，则灰度共生矩阵的对角元素会有比较大的值；如果图像呈现出某种规律变化，比如有明显的纹理，则比较大的值集中出现在偏离对角线的位置；如果灰度共生矩阵中元素值分布较均匀，则图像有明显的噪声。

如果图像像素灰度值存在较大的变化，那么偏离对角线的元素会有比较大的值，因此，用灰度共生矩阵可以表征图像灰度变化的分布情况。

常用的基于灰度共生矩阵的图像特征有以下几种。

（1）ASM（Angular Second Moment）能量

反映了图像灰度分布均匀程度和纹理粗细度。其计算方法见式（8-25）：

$$ASM = \sum_{i=1}^{k} \sum_{j=1}^{k} (G(i,j))^2 \tag{8-25}$$

公式中的 k 代表了图像的灰度值级数，$G(i,j)$ 代表了灰度共生矩阵。

由式（8-25）可知，如果共生矩阵的所有值分布较均匀，则 ASM 值小；相反，如果其中一些值大而其他值小，则 ASM 值大。因此，ASM 的值可以反映出图像纹理的变化模式。

（2）对比度

该特征反映了图像的清晰度和纹理的沟纹深浅。纹理的沟纹越深，对比度值越大，图像越清晰；反之，对比值小，则沟纹浅，图像越模糊。其计算方法见式（8-26）：

$$CON = \sum_{i=1}^{k} \sum_{j=1}^{k} (i-j)^2 G(i,j) \tag{8-26}$$

（3）熵

若灰度共生矩阵中数值分布均匀，表示图像噪声大，则该特征值会有较大值。该特征值反映了图像中纹理的非均匀程度或复杂程度。其计算方法见式（8-27）：

$$ENT = \sum_{i=1}^{k} \sum_{j=1}^{k} G(i,j) \log G(i,j) \tag{8-27}$$

（4）自相关

该特征值用来度量图像像素的灰度值在行或列方向上的相似程度。值越大，则像素间的相关性也越大。当矩阵元素值均匀相等时，相关值就大。相反，如果矩阵元素值相差很大则相关值小。其计算方法见式（8-28）：

$$COR = \sum_{i=1}^{k} \frac{(ij)G(i,j) - u_i u_j}{s_i s_j} \tag{8-28}$$

其中：

$$u_i = \sum_{i=1}^{k} \sum_{j=1}^{k} i \cdot G(i,j)$$

$$u_j = \sum_{i=1}^{k} \sum_{j=1}^{k} j \cdot G(i,j)$$

$$s_i^2 = \sum_{i=1}^{k} \sum_{j=1}^{k} G(i,j)(i - u_i)^2$$

$$s_j^2 = \sum_{i=1}^{k} \sum_{j=1}^{k} G(i,j)(j - u_j)^2$$

在 HALCON 中提供了 cooc_feature_image 算子来计算灰度共生矩阵，cooc_feature_image (Regions, Image : : LdGray, Direction : Energy, Correlation, Homogeneity, Contrast)

其中主要参数的含义如下。

● Direction：灰度共生矩阵计算的方向。

● Energy：ASM 能量。

● Correlation：自相关。

● Homogeneity：灰度值的均匀性。

● Contrast：对比度。

如图 8-21 中的两幅图所示，图 8-21a 与图 8-21b 相比，增加了一些横竖线条，也就增加了图像的复杂程度。在 HALCON 中调用 cooc_feature_image 算子，计算并比较左右两图的灰度共生矩阵的特征值，得到的结果如表 8-1 所示。

 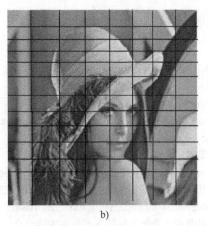

a)　　　　　　　　　　　　　　　　b)

图 8-21　灰度共生矩阵对比图

表 8-1　灰度共生矩阵计算结果比对

灰度共生矩阵特征	图 8-21a	图 8-21b
能量	0.00464853	0.0109036
自相关	0.934932	0.587495
对比度	18.4135	88.1199

从结果可以看出，由于复杂程度的增加，导致图 8-21b 的能量和对比度明显高于图 8-21a，而自相关性图 8-21b 明显低于图 8-21a。

8.6.2　案例——LCD 显示器缺陷检测

【要求】图 8-22 中为 HALCON 中的例图"mura_defects_texture_01"，显示了带有缺陷的 LCD 显示器，请在图中检测出缺陷所在位置并标注。

图 8-22　例图"mura_defects_texture_01"

【分析】缺陷部分在灰度共生矩阵上表现为低能量。因此，先将图像进行分割，再计算出每个分割区域的灰度共生矩阵，得到区域能量。设置一个阈值，小于阈值的即为缺陷部位。

【源代码】

```
++++++++++++++++++++++++++++++++++++++++++++++++++++++++++++++++++
dev_set_draw ('margin')
dev_set_line_width (3)
dev_set_color ('red')
read_image (Image, 'lcd/mura_defects_texture_01')
decompose3 (Image, R, G, B)
*通过中值滤波去除图中小的干扰点
median_image (R, ImageMedian, 'circle', 9, 'mirrored')
*用分水岭算法将图像进行分割，如图 8-23a 所示
watersheds_threshold (ImageMedian, Basins, 10)
*计算每个分割区域的灰度共生矩阵
cooc_feature_image (Basins, ImageMedian, 6, 0, Energy, Correlation, Homogeneity, Contrast)
*设置一个阈值，筛选出低能量区域
tuple_find (sgn(Energy - 0.15), -1, Indices)
dev_display (Image)
*显示出缺陷区域，如图 8-23b 所示
select_obj (Basins, Defects, Indices + 1)
++++++++++++++++++++++++++++++++++++++++++++++++++++++++++++++++++
```

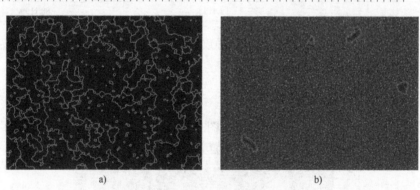

a)   b)

图 8-23　检测过程图

8.7　角点特征

8.7.1　角点检测法原理

角点是图像局部邻域内两个边缘的交点。角点所在的邻域通常是图像中稳定的、信息丰富的区域。角点特征具有优良的抗噪声、抗光线干扰的特性，因此广泛应用于图像匹配、视频跟踪、三维建模以及目标识别等领域。

Harris 角点检测是角点检测的一种常用方法，其原理如图 8-24 所示：在某一点的各个方向上移动小窗口，如果在所有方向上移动，窗口内灰度都发生变化，则认为该点是角点；如果任何方向都不发生变化，则是均匀区域；如果灰度只在一个方向上变化，则可能是图像边缘。

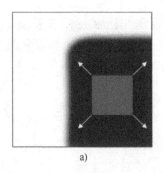 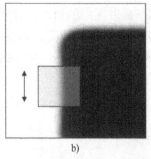 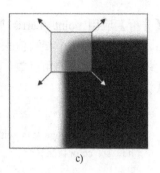

图 8-24 角点特征检测示意图

Harris 角点检测可以用式（8-29）表示。

$$E(u,v) = \sum_{x,y} w(x,y)[I(x+u,y+v)-I(x,y)]^2 \qquad (8\text{-}29)$$

其中 $w(x,y)$ 为加权函数；$I(x+u,y+v)$ 为平移 $[u,v]$ 个单位后的灰度值；$I(x,y)$ 为点 (x,y) 处的灰度值。当点 (x,y) 处于区域内部时，$E(u,v)$ 在任一方向的值均较小（如图 8-24a 所示）；当点 (x,y) 处于区域边缘时，$E(u,v)$ 在某个方向很大，而在另一方向则值较小（如图 8-24b 所示）；当 $E(u,v)$ 在所有方向都很大时，则点 (x,y) 为角点（如图 8-24c 所示）。

在 HALCON 软件中，图像的 Harris 角点检测可以通过 points_harris(Image : : SigmaGrad, SigmaSmooth, Alpha, Threshold : Row, Column) 算子进行。

其中主要参数的含义如下。

- Image：输入灰度图像。
- SigmaGrad：设置梯度的平滑量。
- SigmaSmooth：设置梯度积分的平滑量。
- Alpha：设置平方梯度矩阵的权值。
- Threshold：设置点的最小滤波器响应。
- Row Column：检测出的角点的行、列坐标。

可以通过设置 SigmaGrad、SigmaSmooth、Alpha、Threshold 四个参数值，改变角点检测的灵敏度，从而减少噪声点的产生。

8.7.2 案例——方格墙砖的角点检测

【要求】图 8-25 为 HALCON 中的例图 "can_with_grid"，用 Harris 角点检测方法检测出角点，并比较不同参数对检测结果的影响。

图 8-25 例图 "can_with_grid"

【分析】应用 points_harris 算子提取图中的角点，通过设置 SigmaGrad、SigmaSmooth、Alpha、Threshold 四个参数值来调整角点的灵敏度。本案例通过对上述四个参数分别设置不同的参数，计算得到的角点数，来分析不同参数对角点提取灵敏度的影响。

【源代码】

```
++++++++++++++++++++++++++++++++++++++++++++++++++++++++++++++++++++++++
read_image (Image, 'can_with_grid')
dev_set_color ('red')
P:=[]
*按照 HALCON 的默认参数，运行角点检测算子
points_harris (Image, 0.7, 2, 0.08, 1000, Row, Column)
gen_cross_contour_xld (Cross, Row, Column, 6, 0.785398)
*计算角点的数量
n0:= |Row|
P:=[P,n0]
*显示结果，如图 8-26a 所示
dev_display (Cross)
*SigmaGrad 参数加倍
points_harris (Image, 1.4, 2, 0.08, 1000, Row, Column)
gen_cross_contour_xld (Cross1, Row, Column, 6, 0.785398)
*显示结果，如图 8-26b 所示
dev_display (Cross1)
n1:=|Row|
P:=[P,n1]
*SigmaSmooth 参数加倍
points_harris (Image, 0.7, 4, 0.08, 1000, Row, Column)
gen_cross_contour_xld (Cross2, Row, Column, 6, 0.785398)
n2:= |Row|
P:=[P,n2]
*显示结果，如图 8-26c 所示
dev_display (Cross2)
*Threshold 参数加倍
points_harris (Image, 0.7, 2, 0.08, 1000, Row, Column)
gen_cross_contour_xld (Cross3, Row, Column, 6, 0.785398)
n3:= |Row|
P:=[P,n3]
dev_display (Cross3)
*Alpha 参数加倍
points_harris (Image, 0.7, 2, 0.16, 1000, Row, Column)
gen_cross_contour_xld (Cross4, Row, Column, 6, 0.785398)
n4:= |Row|
P:=[P,n4]
dev_display (Cross4)
++++++++++++++++++++++++++++++++++++++++++++++++++++++++++++++++++++++++
```

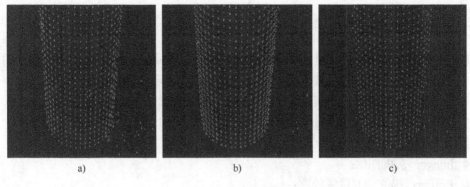

图 8-26　实验结果

在实验中 SigmaGrad、SigmaSmooth、Alpha、Threshold 等 4 个参数值分别增加到缺省值的两倍。从实验结果上看，随着 SigmaGrad 值的改变，检测到的角点数量增加，但图像平滑区域的角点数量减少；随着 SigmaSmooth、Alpha、Threshold 的改变，检测到的角点数量减少。

8.8　亚像素边缘特征

8.8.1　亚像素方法原理

像素是摄像系统成像面的最小单位，通常被称为图像的物理分辨率。如果成像系统要显示的对象尺寸小于物理分辨率，成像系统是无法正常辨识的。而亚像素方法可以理解为在硬件条件不变的情况下，用软件算法将像素再进行细分，从而提高图像分辨率的方法。亚像素方法常用于图像的边缘检测和定位。

目前，亚像素常用的软件算法有矩估计方法、插值法和拟合法等。其中插值法的核心是对像素点的灰度值或灰度值的导数进行插值，增加信息，以实现亚像素边缘检测，应用较多的有二次插值、B 样条插值和切比雪夫多项式插值等。拟合方法是通过对假设边缘模型灰度值或灰度值的导数进行拟合来获得亚像素的边缘定位。亚像素方法的原理如图 8-27 所示，方块点为物理像素，方块点之间的小圆点为亚像素。根据方块点的灰度值，用软件算法计算出每个亚像素点的灰度值，相当于将 5×5 的图像扩展为 17×17 的图像。

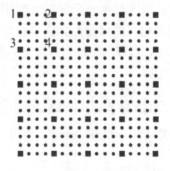

图 8-27　亚像素方法的原理图

8.8.2 XLD 特征

HALCON 中 XLD 是一组有序的控制点集合，控制点顺序用来说明彼此相连的关系，XLD 是 HALCON 中的一种重要的数据结构，通常用于表示图像的亚像素轮廓。

HALCON 中用以下算子来获得灰度图像的亚像素轮廓。

（1）threshold_sub_pix(Image : Border : Threshold :)

其中主要参数的含义如下。

- Image：灰度图像；
- Border：提取的亚像素轮廓；
- Threshold：灰度阈值。

（2）edges_sub_pix(Image : Edges : Filter, Alpha, Low, High :)

其中主要参数的含义如下。

- Image：灰度图像。
- Edges：提取的亚像素轮廓。
- Filter：滤波器，包括"canny""sobel"等。
- Low, High：边缘的振幅区间。

在 HALCON 中 XLD 和另一重要数据类型 region 是可以相互转换的。

1. XLD 类型转化为 region 类型

gen_region_contour_xld(Contour : Region : Mode :)

其中主要参数的含义如下。

- Contour：输入的 XLD 类型图形。
- Region：输出的转化后区域。
- Mode：转化类型，可选"fill"（区域填充）和"margin"（边缘）。

2. region 类型转换为 XLD 类型

gen_contour_region_xld(Regions : Contours : Mode :)

其中主要参数的含义如下。

- Regions：输入的区域。
- Contours：输出的亚像素轮廓。
- Mode：转换类型，可选"center"：取边界的中间线为轮廓；"border"：取边界的外缘为轮廓；"border_holes"：以区域内的孔洞外边界为轮廓

XLD 特征与 region 有很多相同的部分，如：形状特征、圆度、紧密度、长度、矩形度、凸性等，可以通过 HALCON 自带的特征直方图工具或者 select_shape_xld 算子，根据 XLD 特征来筛选出符合条件的轮廓。

8.8.3 案例——用亚像素的方法计算工件圆孔的半径

【要求】图 8-28 为 HALCON 中的例图"rim"。请用亚像素的方法，计算出每个圆孔的最长、最短半径。

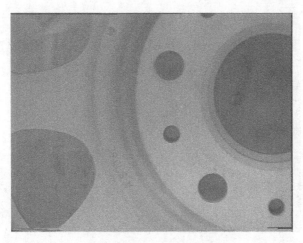

图 8-28 亚像素应用示例

【分析】先检测出亚像素边缘，根据圆度，筛选出圆，再计算出每个圆的圆心坐标，计算出圆心到亚像素边缘的最长、最短距离。

【源代码】

```
++++++++++++++++++++++++++++++++++++++++++++++++++++++++++++++++++++++++
read_image (Rim, 'rim')
get_image_size (Rim, Width, Height)
dev_open_window (0, 0, Width, Height, 'black', WindowID)
dev_display (Rim)
set_display_font (WindowID, 14, 'mono', 'false', 'false')
* 提取亚像素轮廓，如图 8-29 所示
edges_sub_pix (Rim, Edges, 'canny', 4, 20, 40)
*用特征直方图，筛选出圆，如图 8-30 所示
select_shape_xld (Edges, Holes, 'circularity', 'and', 0.7, 1.0)
sort_contours_xld (Holes, Holes, 'upper_left', 'true', 'row')
*计算出每个轮廓的内接圆心坐标
smallest_circle_xld (Holes, Row, Column, Radius)
count_obj (Holes, Number)
dev_set_color ('yellow')
for i := 1 to Number by 1
    select_obj (Holes, Hole, i)
    dev_display (Rim)
    dev_display (Hole)
*计算出每个圆心坐标到轮廓的最长距离和最短距离
    distance_pc (Hole, Row[i - 1], Column[i - 1], DistanceMin, DistanceMax)
stop ()
endfor
++++++++++++++++++++++++++++++++++++++++++++++++++++++++++++++++++++++++
```

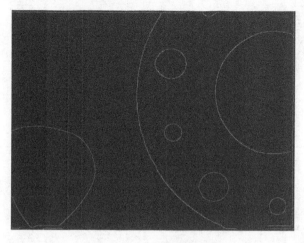

图 8-29　亚像素轮廓

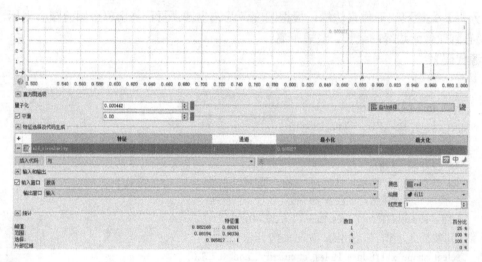

图 8-30　用特征直方图筛选出圆

8.9　图像的颜色特征

视频 9　图像的
颜色空间

8.9.1　图像的彩色

　　可以被人眼观察到的光称为可见光，它是由电磁波谱中 400～780nm 的相对较窄的波段组成的。1666 年，科学家牛顿发现当太阳光通过一个玻璃棱镜时，出现的光束不是白的，而是由从紫色到红色的连续彩色光谱组成。人类和其他一些动物看到的物体的颜色由该物体反射的光的波长决定。如果一个物体反射的光在所有可见光波长范围内是平衡的，则显示为白色。然而，若一个物体对有限的可见光谱范围进行反射，则物体呈现某种颜色。例如，绿色物体反射 500～570nm 范围的光，吸收其他波长光的多数能量。图 8-31 为光波分布图。

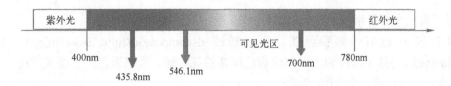

图 8-31　光波分布图

人眼的锥状细胞是负责彩色视觉的传感器。实验表明，人眼中的六七百万个锥状细胞可以分为三大类，它们分别对应红色、绿色和蓝色。大约 65%的锥状细胞对红光敏感，33%对绿光敏感，只有 2%对蓝光敏感。正是由于人眼这种特性，被看到的彩色其实是所谓的三原色——红、绿、蓝的各种组合。

通常用于区别颜色的特性是亮度、色调和饱和度。亮度表示了色彩明亮程度，与灰度图像的灰度值类似；色调代表了构成该颜色光的不同波长光波中比重最大的光的颜色，它表示观察者接收的主要颜色；饱和度是由色调所对应的光在构成该颜色光中所占的比例，它与所加白光数量成反比。例如，当我们说一个物体是红色、黄色等时，是指它的色调。饱和度代表了颜色的纯度，如绿色是饱和的，粉红色和淡黄色则是不饱和的。色调与饱和度一起称为色度。

8.9.2　颜色模块

颜色模型是按照某种标准来描述颜色，它可以被看成是一个坐标系统，在该系统下，每种颜色都对应一个点。

机器视觉中常用的颜色模型有 RGB（红、绿、蓝）模型、HIS（色调、亮度、饱和度）模型、HSV（色调、饱和度、亮度）模型等。

1. RGB 模型

RGB 模型建立在笛卡儿坐标系中，如图 8-32 所示。坐标的三个轴分别表示红（R），绿（G），蓝（B）三原色。模型的空间是个正方体，原点对应着黑色，距离原点最远的点对应着白色。从黑到白的灰度值分布在从原点到距离原点最远顶点间的连线上，而立方体内其余各点则对应着不同的彩色，可以用从原点到该点的矢量表示。

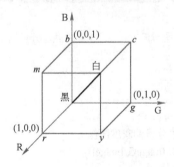

图 8-32　RGB 模型

在 RGB 模型中，用于表示每一像素的比特数称为像素深度。例如像素深度 8 可以表示256 种不同的颜色，而 24 比特深度的图像通常被称为全彩色或真彩色图像。

一幅 $M \times N$ 的 RGB 彩色图像可以用一个 $M \times N \times 3$ 的矩阵来描述，图像中每一个像素点对应红、绿、蓝三个分量组成的三元组。

HALCON 中读取一幅彩色图，可以通过 decompose3(MultiChannelImage ∶ Image1, Image2, Image3 ∶ ∶)算子，得到代表组成彩色图像的红、绿、蓝三原色的三幅灰度图。

2. 案例——提取 PCB 上的焊盘

【要求】图 8-33 为 HALCON 中的例图 "pcb_color"，请将 PCB 上的焊盘提取出来。

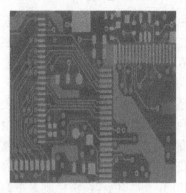

视频 10　提取
PCB 上的焊盘

图 8-33　例图 "pcb_color"

【分析】PCB 上的焊盘与 PCB 的颜色上存在差异。首先将 PCB 分解为 R、G、B 三种颜色分量的灰度图像，观察图 8-34 可知，图 8-34a 中 R 分量灰度图像中焊盘与 PCB 差异最大，选择该图像进行 BLOB 分析，提取出焊盘。

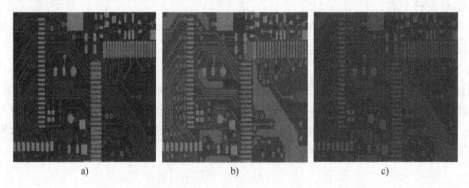

a)　　　　　　　　　　　　b)　　　　　　　　　　　　c)

图 8-34　图像的 R、G、B 三种颜色分量的灰度图像

【源代码】

```
++++++++++++++++++++++++++++++++++++++++++++++++++++++++++++++++
read_image (Image, 'pcb_color.png')
*分解为 R、G、B 三种颜色分量的灰度图像
decompose3 (Image, ImageR, ImageG, ImageB)
*取 R 分量图像做 BLOB 分析
threshold (ImageR, Regions, 98, 255)
*去除干扰噪声点
closing_circle (Regions, RegionClosing, 3.5)
connection (RegionClosing, ConnectedRegions)
select_shape (ConnectedRegions, SelectedRegions, 'area', 'and', 61.95, 20000)
```

*从原图中提取出焊盘图像
union1 (SelectedRegions, RegionUnion)
reduce_domain (Image, RegionUnion, ImageReduced)
++

3. HIS 模型与 HSV 模型

RGB 与人眼对颜色的感受存在差异。例如在 RGB 模型上相距很近的两个点，它们呈现出的颜色差异可能很大。因此，人们建立了 HIS 模型，它仿真了与人眼对颜色的感受。

HIS 模型中 H、I、S 三分量分别表示色调、亮度和饱和度，具体意义描述如下：

H（Hue）表示色调，用角度表示。它反映了该颜色最接近什么样的光谱波长。其中 0°为红色，120°为绿色，240°为蓝色。0°～240°覆盖了所有可见光谱的颜色，240°～300°是人眼可见的非光谱色。

I（Intensity）表示光照强度或亮度，它体现像素的整体亮度，亮度与具体的颜色无关。

S（Saturation）表示饱和度，它是表示颜色浓淡的物理量，通常用混入白光的比例来衡量。

HSV（色相 Hue，饱和度 Saturation，亮度 Value）也称 HSB（B 指 Brightness）它与 HIS 很近似，最本质的区别是 HSV 中的 V（亮度）和 HIS 中的 I（亮度）不同。HSV 中纯白的点对应在 HIS 中是中值灰度的点。由于两种模型中的 I 和 V 的不同导致了 S（饱和度）的不同，即 HSV 的饱和度是相对纯白而言的，而 HIS 的饱和度是相对纯中值灰度而言的。

给定一幅 RGB 格式的彩色图像，假设 RGB 各个分量值已经归一化到了[0,1]范围内，可以将其转换到 HIS 空间，转换公式如下：

（1）RGB 转换为 HIS

$$I = \frac{1}{3}(R + G + B)$$

$$S = 1 - \frac{3}{(R + G + B)}[\min(R, G, B)]$$

$$H = \begin{cases} \theta, & G \geqslant B \\ 2\pi - \theta, & G < B \end{cases}$$

$$\theta = \arccos\left\{ \frac{[(R-G) + (R-B)]/2}{[(R-G)^2 + (R-B)(G-B)]^{1/2}} \right\}$$

（2）RGB 转换为 HSV

$$C_{\max} = \max(R, G, B)$$

$$C_{\min} = \min(R, G, B)$$

$$\Delta = C_{\max} - C_{\min}$$

$$H \begin{cases} 0°, & \Delta = 0 \\ 60° \times \left(\frac{G-B}{\Delta} + 0 \right), & C_{\max} = R \\ 60° \times \left(\frac{B-R}{\Delta} + 2 \right), & C_{\max} = G \\ 60° \times \left(\frac{R-G}{\Delta} + 4 \right), & C_{\max} = B \end{cases}$$

$$S = \begin{cases} 0, & C_{\max}=0 \\ \dfrac{\varDelta}{C_{\max}}, & C_{\max} \neq 0 \end{cases}$$

$$V = C_{\max}$$

HALCON 中可以通过 trans_from_rgb 算子，实现 RGB 颜色模型到其他颜色空间的转换。

trans_from_rgb (ImageRed, ImageGreen, ImageBlue : ImageResult1, ImageResult2, ImageResult3 : ColorSpace :)

其中主要参数含义：

ImageRed, ImageGreen, ImageBlue：RGB 颜色模型中的 R、G、B 三分量

ImageResult1, ImageResult2, ImageResult3：转换后的颜色模型的三个分量

ColorSpace：颜色模型，可以选"his""hsv""yuv"等

4. 案例——统计图中各种颜色塑料块的数量

【要求】请统计图 8-35 中各种颜色塑料块的数量。（图片来自/HALCON 安装目录"images\color\color_pieces_01. png"）

视频 11　统计图中各种颜色塑料块的数量

图 8-35　color_pieces

【分析】图 8-35 为橘红色背景，其中有三种颜色的方块。图 8-36 为彩色图分解为 R、G、B 和 H、S、V 后得到的对应的灰度图。从图上看，对应 B 分量的灰度图（图 8-36c）中蓝色与其他颜色差别明显；G 分量对应的灰度图（图 8-36b）中的黄色与其他颜色差别明显；H 分量对应的灰度图（图 8-36e）中蓝色与红色与其他颜色差别明显，可以通过与图 8-36c 中的蓝色区域做与运算，得到红色区域。难以单独从一张 B 灰度图中分离出不同的颜色塑料。

【源代码】

```
++++++++++++++++++++++++++++++++++++++++++++++++++++++++++++++++++
read_image (Image, 'color_pieces_02.png')
*获得 R、G、B 三分量对应灰度图，图 8-36a～c 分别对应了 R、G、B
decompose3 (Image, ImageR, ImageG, ImageB)
*获得 H、S、V 三分量对应的灰度图，图 8-36d～f 分别对应了 H、S、V
trans_from_rgb (ImageR, ImageG, ImageB, ImageResultH, ImageResultS, ImageResultV, 'hsv')
*从 B 分量灰度图中得到蓝色塑料块
threshold (ImageB, Regions, 176, 255)
```

connection (Regions, ConnectedRegions)
*统计数量
count_obj (ConnectedRegions, Number)
disp_message (3600,'蓝色：'+ Number, 'window', 12, 12, 'black', 'true')
*从 G 分量灰度图中得到黄色塑料块
threshold (ImageG, Regions1, 202, 255)
connection (Regions1, ConnectedRegions1)
*统计数量
count_obj (ConnectedRegions1, Number1)
disp_message (3600, '黄色：'+ Number1, 'window', 42, 12, 'black', 'true')
*从 H 分量灰度图中得到蓝色和粉红色塑料块
threshold (ImageResultH, Regions2, 94, 255)
*从上图中去掉蓝色塑料块，得到粉红色塑料块
difference (Regions2, ConnectedRegions, RegionDifference)
opening_circle (RegionDifference, RegionOpening, 3.5)
connection (RegionOpening, ConnectedRegions3)
*统计数量
count_obj (ConnectedRegions3, Number2)
disp_message (3600, '粉红：'+Number2, 'window', 72, 12, 'black', 'true')
++

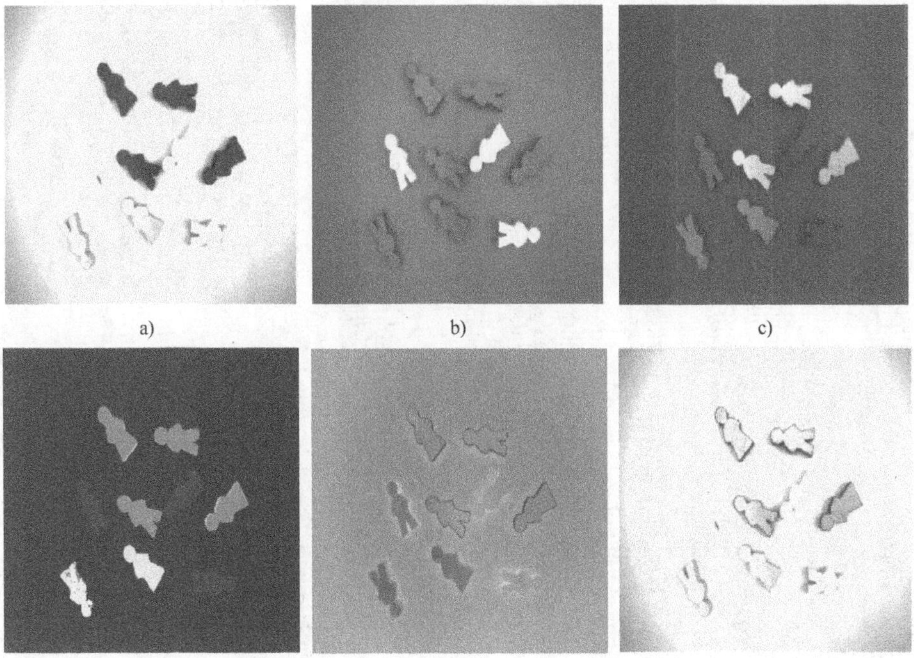

图 8-36　R、G、B 和 H、S、V 对应灰度图

习题

1. 打开一幅灰度图像，利用 HALCON 中的 add_noise_distribution 算子，给原图加上噪

声，生成一幅新图。比较两幅图的灰度直方图、灰度共生矩阵特征，观察两者的差异，并分析其原因。

2．打开画图板软件，绘制一幅包含长方形、正方形等各类多边形的图像，再在上面添加一些噪声点，用角点检测软件检测出角点，输出各个角点的坐标，并在图中标识出来。

3．打开一幅灰度图像，计算其灰度直方图、灰度共生矩阵特征，再对其分别进行旋转、平移、缩放，计算每次变换后的灰度直方图、灰度共生矩阵特征，比较变换前后特征值的变化情况，并分析其中的原因。

4．打开画图板软件，绘制一幅包含长方形、正方形、三角形、圆形、椭圆、多边形等各类图形的图像，观察不同图形的区域特征的差异。比较针对某类图形，哪几种区域特征的区分度最大。

5．找一幅蓝底白字车牌和一幅绿底黑字的车牌，用图像处理的方法把车牌号码分割出来，比较两种车牌处理方法的异同。

6．输入一幅灰度图像，分别用 edges_image 算子和 edges_sub_pix 算子处理，比较处理结果的差别并分析原因。

第9章　图像模式识别

图像处理中的模式指的是对图像目标所具有的特征的描述，而模式识别（Pattern Recognition）就是利用计算机对图像目标进行分类，在错误概率最小的条件下，使识别的结果尽量与客观事物符合。

学习目标
- 掌握模板匹配、统计识别、人工神经网络等几种模式识别方法的原理。
- 掌握 HALCON 中相关算子和参数设置。
- 练习用模式识别的方法进行分类。

9.1　图像模式识别的定义

人们在观察事物或现象时，常常会观察它与其他事物或现象的相同或不同之处，会把具有相似特征的归为一类。把上述过程用计算机来实现，就是模式识别过程。它可以定义为对表征事物或现象的各种形式的（数值的、文字的和逻辑关系的）信息进行处理和分析，以对事物或现象进行描述、辨认、分类和解释的过程，模式识别是信息科学和人工智能的重要组成部分。

图像模式识别是模式识别的重要分支，它是根据提取到的样本图像的特征对样本进行分类的过程。图像模式识别的过程包括训练过程和分类决策过程，包括图像采集、预处理、特征提取、样本训练以及分类决策等步骤，如图9-1所示。

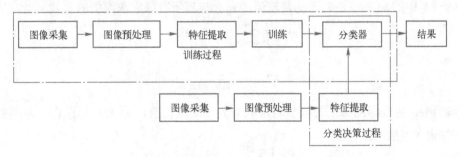

图 9-1　图像模式识别框图

模式识别方法是指利用计算机，基于标准模板对要分析的客观事物进行分类的算法，使得在错误概率最小的条件下得到识别结果。

常见的图像模式识别方法分为模板匹配、统计识别、人工神经网络等几种类型。

9.2　模板匹配

9.2.1　模板匹配的原理

模板匹配是图像模式识别中最基本、最常用的方法。它是通过对目标图像进行全局搜索，发现与某一特定对象物（模板）具有相同的尺寸、方向和图像元素的过程。它的原理非常简单，即遍历目标图像中的每一个位置，比较各处与模板是否"相似"，当相似度足够高时，就认为找到了目标。

常用的计算图像相似度计算方法有误差绝对值、差值平方和、互相关法等方法。

设目标图像为 f，图像上点(r,c)的灰度值为 $f(r,c)$；模板为 t，模板上点(u,v)的灰度值为 $t(u,v)$；模板 t 在目标图像 f 上滑动，得到对应区域 f'，计算 t' 与 f' 的相似度 $s(r,c)$。

（1）误差绝对值（SAD）

将模板在图像上滑动，计算图像 f' 与模板 t 之间相对应像素差值的绝对值之和，作为该点的相似度，计算方法如式（9-1）所示。由公式可知，模板与图像越相似，则 s 值越小。

$$s(r,c) = \frac{1}{n}\sum_{(u,v)\in T}|t(u,v) - f(r+u,c+v)| \tag{9-1}$$

（2）差值平方和（SSD）

将图像 f' 与模板 t 之间差值的平方和，作为该点的相似度。计算方法如式（9-2）所示。由公式可知，模板与图像越相似，则 s 值越小。

$$s(r,c) = \frac{1}{n}\sum_{(u,v)\in T}(t(u,v) - f(r+u,c+v))^2 \tag{9-2}$$

（3）相关法（NCC）

按式（9-3）计算相关系数。由公式可知，模板与图像越相似，则 s 值越大。由于在计算相似度时，减去了均值，也就去除了光线对 s 值的影响，因此，这种方法对线性光线的影响具有鲁棒性。

$$(r,c) = \frac{1}{n}\sum_{(u,v)\in T}\frac{(t(u,v) - m_t)\cdot(f(r+u,c+v) - m_f(r,c))}{\sqrt{s_t^2}\cdot\sqrt{s_j^2(r,c)}} \tag{9-3}$$

式（9-3）中的 m_t 为模板的平均灰度值，s_t^2 为模板所有像素灰度值的方差。也就是说：

$$m_t = \frac{1}{n}\sum_{(u,v)\in T}t(u,v) \tag{9-4}$$

$$s_t^2 = \frac{1}{n}\sum_{(u,v)\in T}(t(u,v) - m_t)^2 \tag{9-5}$$

同样的，m_f 为目标图像上与模板对应区域的平均灰度值，s_t^2 为目标图像上与模板对应区域所有像素灰度值的方差。

$$m_f(r,c) = \frac{1}{n}\sum_{(u,v)\in T}f(r+u,c+v) \tag{9-6}$$

$$s_f^2(r,c) = \frac{1}{n}\sum_{(u,v)\in T}(f(r+u,c+v) - m_f(r,c))^2 \tag{9-7}$$

在整个图像上计算相似度是个非常耗时的过程。如果模板中的像素的数量为 n，目标图像的宽和高分别为 w 和 h，则模板匹配算法的时间复杂度为 $O(whn)$，为了能够提高搜索速度，人们应用图像金字塔进行模板匹配。

图像金字塔外观是一系列以金字塔形状排列的分辨率逐步降低的图像集合，金字塔的底部是待处理图像的高分辨率表示，而顶部是低分辨率的近似。当向金字塔的上层移动时，尺寸和分辨率就降低，层级越高，则图像越小，分辨率越低，通常将图像与模板的长度多次缩小一半建立起来的数据结构称为图像金字塔，如图9-2所示。

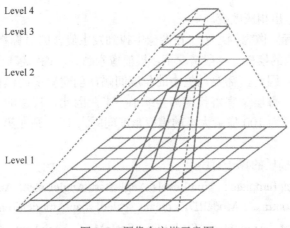

图 9-2　图像金字塔示意图

图 9-3a 显示了红色边框中的图像的金字塔分解结果。图 9-3b 显示了金字塔分解后得到的 1～4 层。

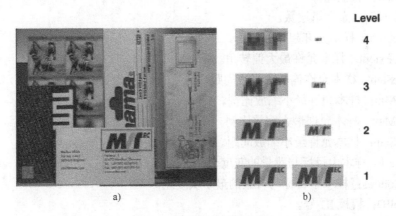

图 9-3　金字塔分解示意图

基于金字塔的模板匹配的策略：首先对模板和目标图像进行金字塔分解，找出能够辨别出目标结构的最高层数，然后用最高层模板图像在最高层目标图像上进行一次模板匹配，得到匹配结果后，映射到金字塔的下一层的一个对应区域，然后在这个区域内进行匹配，直到找不到匹配对象或到金字塔的最底层为止。

从图 9-3 中可以看出，到了第 4 层，字符"*M*"已模糊不清，因此，要搜索确定字符"*M*"的位置，应该从第 3 层开始，然后依次到第 2 层、第 1 层，直到在原图中确定字符 M 的位置。

图像金字塔每加一层，图像的点数和模板点数减少到原来的 1/4，也就是每加一层金字塔可以提速 16 倍，因此，如果在金字塔第 3 层执行一次完整的模板匹配的话，计算次数与原始图像相比，可以减少到原来的 1/256。

上述模板匹配算法，均假设模板和目标图像中的目标物体方向与尺寸一致。如果图像中的目标图像的方向或大小发生改变，那么按上述的模板匹配方法，匹配将失败。而在实际应用中，由于受到光照、拍摄角度等因素的影响，目标图像会发生改变，为了解决这个问题，需要对模板匹配算法做出相应改变。

以发生旋转的目标图像为例：为了在图像中找到发生旋转的目标物体，可以以 1°的角度间隔，创建多个方向的模板。一般情况下，模板像素越大，说明模板的分辨率越高，则能区分角度越小的变化，因此，需要以更小的角度间隔，创建更多的模板。同样的，在金字塔应用中，从下往上，每层金字塔长度都会缩小一半，因此，每层的角度间隔也要增大为原来的 2 倍。如果半径为 100 像素大小的模板角度间隔为 1°，则在第 4 层金字塔上可以用8°作角度间隔。

HALCON 中创建模板的算子有：

create_shape_model(Template : : NumLevels, AngleStart, AngleExtent, AngleStep, Optimization, Metric, Contrast, MinContrast : ModelID)、create_scaled_shape_model(Template : : NumLevels, AngleStart, AngleExtent, AngleStep, ScaleMin, ScaleMax, ScaleStep, Optimization, Metric, Contrast, MinContrast : ModelID)等。

其中 create_scaled_shape_model 算子中的主要参数的含义如下。

- Template：模板图像。
- NumLevels：金字塔层数。
- AngleStart：样本允许起始偏转角。
- AngleExtent：样本允许最大偏转角。
- AngleStep：样本允许偏转角最小间距。
- ScaleMin：样本允许最小缩放比例。
- ScaleMax：样本允许最大缩放比例。
- ScaleStep：样本允许最小缩放间距。
- Contrast：样本中目标与背景的灰度差。
- MinContras：样本中目标与背景的最小灰度差。
- ModelID：模板 ID 号。

模式识别算子有：

find_scaled_shape_model(Image : : ModelID, AngleStart, AngleExtent, ScaleMin, ScaleMax, MinScore, NumMatches, MaxOverlap, SubPixel, NumLevels, Greediness : Row, Column, Angle, Scale, Score)、find_shape_model(Image : : ModelID, AngleStart, AngleExtent, MinScore, NumMatches, MaxOverlap, SubPixel, NumLevels, Greediness : Row, Column, Angle, Score)等。

其中 find_shape_model 算子中的 ModelID、AngleStart、AngleExtent、ScaleMin、ScaleMax、NumLevels 等参数的含义与 create_scaled_shape_model 算子相同。

其他参数的含义如下。

- MinScore：匹配到的目标的最小评分。
- NumMatches：匹配到的目标数量。
- MaxOverlap：最大遮盖范围。
- SubPixel：亚像素。
- Row, Column：匹配到的目标的位置。
- Angle：匹配到的目标的角度。
- Scale：匹配到的目标的伸缩比例。

● Score：匹配到的目标评分。

9.2.2　案例——用模式识别的方法查找对应图案

【要求】图 9-4 为 HALCON 中的例图 "green-dot"，图 9-4a 中有一个圆形的图案，请在图 9-4b 中查出与其对应的圆形图案。

【分析】图 9-4b 中的圆形图案发生了旋转、缩放，且亮度也发生了改变，因此，应用 create_scaled_shape_model 算子来创建模板，用 find_scaled_shape_model 算子来进行模板匹配。

a)　　　　　　　　　　　　　　　b)

图 9-4　商标图案

【源代码】

```
+++++++++++++++++++++++++++++++++++++++++++++++++++++++++++++++++++++
dev_update_pc ('off')
dev_update_window ('off')
dev_update_var ('off')
read_image (Image, 'green-dot')
*获取了图像大小
get_image_size (Image, Width, Height)
dev_close_window ()
dev_open_window (0, 0, Width, Height, 'black', WindowHandle)
dev_set_color ('red')
dev_display (Image)
threshold (Image, Region, 0, 128)
connection (Region, ConnectedRegions)
*通过面积进行筛选，得到里面的圆
select_shape (ConnectedRegions, SelectedRegions, 'area', 'and', 10000, 20000)
*对圆进行填充
fill_up (SelectedRegions, RegionFillUp)
*对填充区域进行膨胀
dilation_circle (RegionFillUp, RegionDilation, 5.5)
*得到圆形区域
reduce_domain (Image, RegionDilation, ImageReduced)
*创建模板
create_scaled_shape_model (ImageReduced, 5, rad(-45), rad(90), 'auto', 0.8, 1.0, 'auto', 'none',
```

```
'ignore_global_polarity', 40, 10, ModelID)
        read_image (ImageSearch, 'green-dots')
        dev_display (ImageSearch)
        *根据创建的模板进行匹配，得到图像中模板的位置、角度、尺度、匹配值
        find_scaled_shape_model (ImageSearch, ModelID, rad(-45), rad(90), 0.8, 1.0, 0.5, 0, 0.5, 'least_squares',
5, 0.8, Row, Column, Angle, Scale, Score)
        *在得到的匹配图案中心显示标志
        disp_cross (3600, Row, Column, 20, 0)
        *clear_shape_model (ModelID)
```
+++

9.2.3 案例——用模板匹配助手实现芯片标识的匹配与定位

【要求】图 9-5 为 HALCON 中自带的例图"board-01"，位于 HALCON 例图目录下的 board 子目录中。以图 9-5 中芯片区域为模板，以 board 子目录中"board-01"～"board-10"为测试样本，应用 HALCON 自带的模板匹配助手，实现对"board-11"至"board-20"中的芯片标识的匹配和定位。

图 9-5   例图"board-01"

【分析】可以通过 HALCON 自带的模板匹配助手，实现模板创建、模板参数调整、样本测试和代码生成等。操作步骤如下。

1）打开模板匹配工具 Matching，如图 9-6 所示。

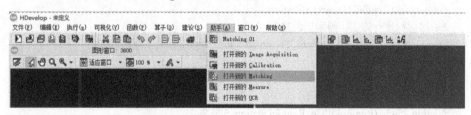

图 9-6   打开模板匹配工具 Matching

2）选择模板图像文件，在图形窗口中打开，如图 9-7 所示。

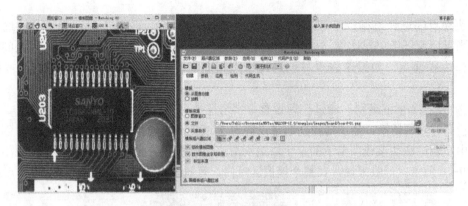

图 9-7　打开模板图像

3）在模板图像上设定模板区域，如图 9-8 所示。

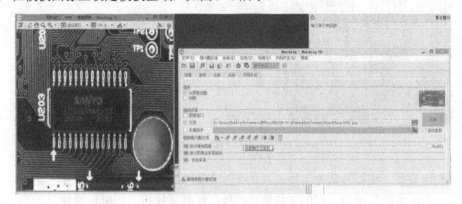

图 9-8　设定模板区域

4）参数设置。

① 通过设置模板参数，确定模板有效边缘点，如图 9-9 所示。一般先调整"对比度（高）"的值，使得大部分边缘可见，再调整"对比度（低）"，去除噪声点。最后，通过调整"最小组件尺寸"去除面积较小的噪声区域。

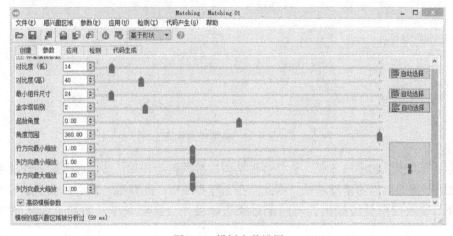

图 9-9　模板参数设置

边缘点的选择遵循以下原则：当对比度超过"对比度（高）"时，像素会被选为边缘点；当对比度低于"对比度（低）"时，像素将被视为背景；当对比度在这两者之间时，像素将作为候选点，如果这些点与已选边缘点相连则会被确定为边缘点，否则，被视为背景点。

② 设置金字塔级别。通过合理设置金字塔层数可以有效提高模板匹配的速度。实时性要求较高的应用场景，金字塔级别通常设置为 3 或更高。设置好参数后，可以在"创建"选项卡中，通过拖动该选项卡下的金字塔级别滑块，查看各级金字塔图像中的边缘检测情况，如图 9-10 所示。一般来说，在整个模板区域内，有效模板边缘不得少于 20 个像素点。

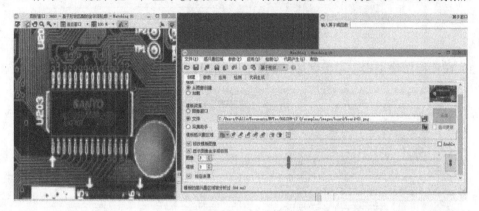

图 9-10   查看金字塔层数设置的效果

③ 角度设置。根据被测物可能出现的角度变化来设置"起始角度"和"角度范围"。一般来说，"角度范围"越小，则创建模板和模板匹配时间越短，实时性越好。

④ 缩放参数设置。缩放参数用于设定模板从行列两个方向的缩放范围。设置该参数后，在匹配过程中模板会先根据缩放范围和步长，在行列两个方向先进行缩放，再进行模板位置和角度的匹配计算。该参数默认为 1，即不进行任何缩放变换。

⑤ 高级模板参数设置。包括角度步长、缩放步长和度量等内容，如图 9-11 所示。

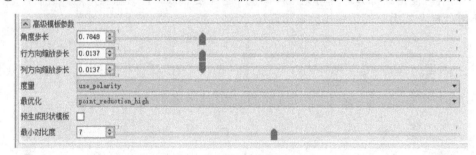

图 9-11   高级模板设置

其中角度步长和缩放步长，软件会根据模板数据自动计算，步长越大则处理速度越快，但匹配所获得的数据的精度越低，因此，在工程实践中，此参数一般选择大于或等于自动配置的值。度量指模板边缘极性与匹配对象边缘极性（像素灰度从暗到亮或从亮到暗）的关系。

5）测试。

① 单击"应用"选项卡中的"加载"按钮，选择 board 子目录中"board-01"至"board-10"为测试样本。单击"检测所有"按钮，如图 9-12 所示。观察测试结果，进一步调整参数。

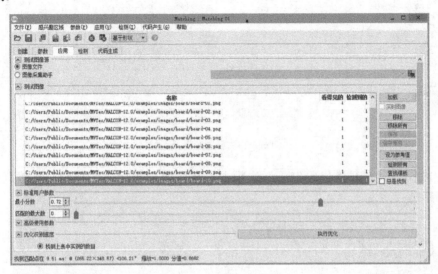

图 9-12　加载测试图像

② 设置模板匹配参数，执行优化。如图 9-13 所示。比较测试运行的结果。确定模板匹配参数。

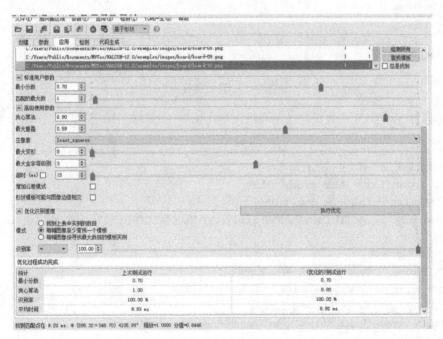

图 9-13　执行优化

③ 单击"检测"选项卡，查看测试结果。如图 9-14 所示。

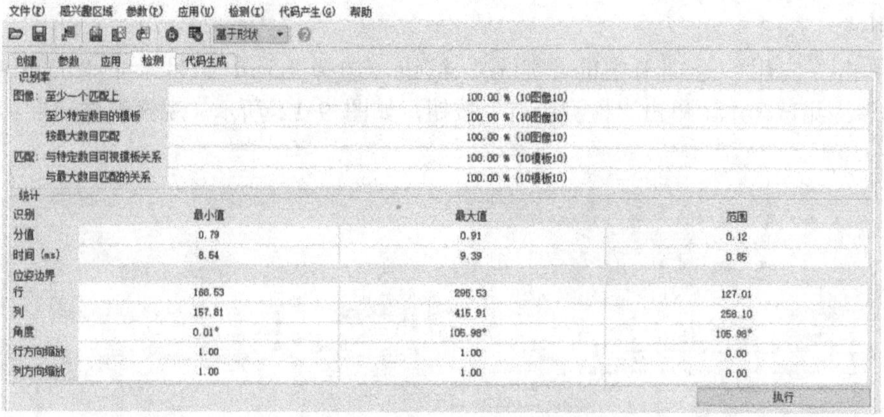

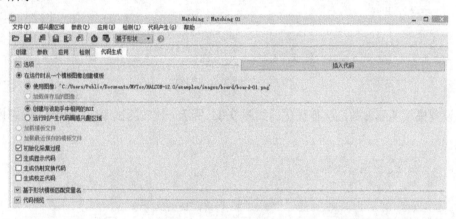

图 9-14　测试结果

④ 生成代码。打开"代码生成"选项卡，单击"插入代码"按钮，生成代码。如图 9-15 所示。

图 9-15　生成代码

【源代码】

```
++++++++++++++++++++++++++++++++++++++++++++++++++++++++++++++++++++++++++++++++++
*模板匹配助手自动生成的代码开始
set_system ('border_shape_models', 'false')
* Matching 01: Obtain the model image
read_image (Image, 'C:/Users/Public/Documents/MVTec/HALCON-12.0/examples/images/board/board-
01.png')
    *设定模板区域
* Matching 01: build the ROI from basic regions
gen_rectangle1 (ModelRegion, 179.5, 147.5, 311.5, 455.5)
* Matching 01: reduce the model template
reduce_domain (Image, ModelRegion, TemplateImage)
    *创建模板
* Matching 01: create the shape model
create_shape_model (TemplateImage, 3, rad(0), rad(360), rad(0.7793), ['point_reduction_high','no_
```

```
pregeneration'], 'use_polarity', [14,40,24], 7, ModelId)
    * Matching 01: get the model contour for transforming it later into the image
    *获得模板轮廓
    get_shape_model_contours (ModelContours, ModelId, 1)
    *自动创建模板的代码结束
    *加载检测文件
    path := 'C:/Users/Public/Documents/MVTec/HALCON-12.0/examples/images/board/board-'
    for i:= 11 to 20 by 1
    fname:= path + i + '.png'
        read_image (Image, fname)
    *模板匹配
        find_shape_model (Image, ModelId, rad(0), rad(360), 0.6, 1, 0.5, 'least_squares', [3,3], 0.9,
ModelRow, ModelColumn, ModelAngle, ModelScore)
    *仿射变换
        forMatchingObjIdx := 0 to |ModelScore| - 1 by 1
    hom_mat2d_identity (HomMat)
    hom_mat2d_rotate (HomMat, ModelAngle[MatchingObjIdx], 0, 0, HomMat)
    hom_mat2d_translate (HomMat, ModelRow[MatchingObjIdx], ModelColumn[MatchingObjIdx], HomMat)
            affine_trans_contour_xld (ModelContours, TransContours, HomMat)
            dev_display (TransContours)
    endfor
    endfor
    *清除模板
    clear_shape_model (ModelId)
    * Matching 01: END of generated code for model application
    +++++++++++++++++++++++++++++++++++++++++++++++++++++++++++++++++++++++++++++++++++++
```

9.3　统计模式识别

统计模式识别（Statistical Approach of Pattern Recognition）是一种基本的模式识别方法，它是在一定量度或观测基础上把待识别模式划分到各自的模式类中去的识别过程。

应用统计模式识别解决机器视觉中的分类问题，首先要对样本图像进行特征提取，得到一个 d 维特征向量，这个特征向量就可以看作 d 维空间的一个点。统计模式识别方法就是用给定的有限数量样本集，在已知研究对象统计模型或已知判别函数类条件下，根据一定的准则，通过学习算法把 d 维特征空间划分为 c 个区域，每一个区域与每一类别相对应。模式识别系统只要判断被识别的对象落入哪一个区域，就能确定出它所属的类别。在训练和识别前，还需要要通过预处理消除由噪声和传感器所引起的变异性。因此，一个统计模式识别系统应包含预处理、特征抽取、分类器等部分。

常用的统计模式识别的方法有 K-最近邻法（K-NN）、支持向量机、神经网络等。

9.3.1　K-最近邻法（K-NN）

K-NN 算法的核心思想是：如果一个样本在特征空间中的 K 个最相邻的样本中的大多数属于某一个类别，则该样本也属于这个类别，并具有这个类别上样本的特性。该方法在确定分类决策上只依据最近的一个或者几个样本的类别来决定待分类样本所属的类别。

K-最近邻法可以描述为：在 N 个已知样本中，根据样本特征，计算出 X 与样本的相似度，找出离 x 最近（也就是相似度最大）的 k 个样本，设 k_1，k_2，$\cdots$，k_c 分别为样本属于 w_1，w_2，$\cdots$，w_c 类别的样本数量，$k_1+k_2+\cdots+k_c=k$，则当 $g_i(x)=\max k_i$，$i=1$，2，$\cdots$，c 时，可以判断未知样本属于 i。

【例 9-1】 图 9-16a～c 为已知的苹果样本，图 9-16d～f 为已知的草莓，根据已知样本，判断图 9-16g 的水果种类。

对图 9-16a～g 进行预处理，得到图中水果的 ROI 区域，计算出图像的圆度和矩形度，结果见表 9-1。

图 9-16　苹果和草莓

表 9-1　样本的特征值

序号	圆度	矩形度	类别
1	0.558613	0.819924	苹果
2	0.372129	0.830977	苹果
3	0.751569	0.791713	苹果
4	0.643136	0.746883	草莓
5	0.40199	0.765484	草莓
6	0.600495	0.690869	草莓
7	0.553815	0.748422	

根据欧式距离计算出样本 7 与其他样本的相似度，结果如表 9-2 所示。

表 9-2　相似度表

序号	欧式距离	类别
1	0.072	苹果
2	0.200	苹果
3	0.202	苹果
4	0.091	草莓

（续）

序号	欧式距离	类别
5	0.153	草莓
6	0.074	草莓

设 $k=3$，根据表中的计算结果，取欧式距离最小的三个样本，分别为 1、4、6，其中样本 1 属于苹果，样本 4 和样本 6 属于草莓，即 33%的样本属于苹果，67%的样本属于草莓，则根据 K-最近邻法的判断方法，样本 7 为草莓。

9.3.2 支持向量机

支持向量机（Support Vector Machine，SVM）是一种二类分类模型。SVM 的目标是找到一个超平面，然后找到各个分类离这个超平面最近的样本点，使得这个点到超平面的距离最大化，即使平面两端的数据间隔最大。与分割超平面距离最近的样本称为支持向量，如图 9-17 所示，图中虚线是间隔边界，确定最终的分割超平面只有支持向量起作用，其他样本点不起作用，所以称为支持向量机。

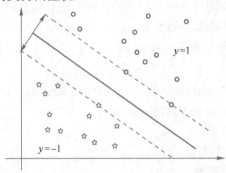

图 9-17 支持向量机示意图

支持向量机 SVM 解二类问题，目标是求一个特征空间的超平面，而超平面分开的两类对应于超平面的函数值的符号是刚好相反的。上述两种考虑，为了使问题足够简单，图中两类样本取 y 的值为 1 和-1。

用函数 $f(x)$ 表示超平面，则当 $f(x)>0$ 时，$y=1$，为正类，如图中圆圈所示；$f(x)<0$ 时，$y=-1$，为负类，如图中星星所示。

应用 SVM 进行分类的基本思想是：首先通过选择的核函数（常用的核函数有线性核函数、多项式核函数、高斯核函数、拉普拉斯核函数等）将原始输入空间变换到一个高维空间，然后在这个新空间中寻找具有最大间隔的最优化线性分类面。在线性可分的情况下，最优线性分类面将待分类的样本分开，并且使得各分类的间隔最大。应用 SVM 进行图像分类通常有以下步骤：

（1）样本预处理

1）准备好两组图像样本，正例和反例图像各若干张。

2）对样本图像进行分割，获取检测目标的 ROI 区域。

3）选择合适的对图像的描述，作为识别的特征。

（2）构造分类器

1）构造支持向量机：初始化支持向量机分类器所需的特征数量、核函数、类型数等参数。

2）将样本添加到分类器中。

3）进行训练，使分类器收敛。

（3）识别阶段

1）提取待测目标区域。

2）提取分类所需的特征：与样本预处理中进行的操作相同。

3）代入分类器进行分类。

在实际的操作过程中，准备阶段样本描述和构造分类器同时进行，即将样本图像的特征提取和样本添加到分类器中这两步放在一个循环中完成。整个流程如图 9-18 所示。

图 9-18 中左边部分是准备阶段所做的工作。在使用 SVM 进行分类之前，首先需要构造分类器。构造完分类器之后，样本通过 SVM 样本描述循环体，被逐个进行特征提取后加入到待训练的 SVM 分类器中；所有训练样本按照各自的类型添加结束后就进行训练，使 SVM 收敛。

训练之后的 SVM 就可以用于分类了，如图右侧所示，将待检测的样品图像经过相同的特征提取过程后代入 SVM 分类器即可得到分类结果。由于 SVM 本质上是对提取的特征向量的特征空间进行划分来区别特征的类别，因此在识别阶段使用的特征需要和准备阶段的完全相同。这样 SVM 在对待测样本中提取的特征向量进行划分时才知道它具体落入哪一个类型所在的空间，也就知道该样本的类型了。

在 HALCON 中 SVM 相关算子分别如下。

（1）创建 SVM 分类器

create_class_svm(: : NumFeatures, KernelType, KernelParam, Nu, NumClasses, Mode, Preprocessing, NumComponents : SVMHandle)

其中主要参数的含义如下。

● NumFeatures:样本的特征维度。

● KernelType：核函数类型。

● KernelParam：核函数参数。

● NumClasses：样本类别数量。

● SVMHandle:SVM 分类器句柄。

（2）添加训练样本

add_sample_class_svm(: : SVMHandle, Features, Class :)
其中主要参数的含义如下。

● SVMHandle:SVM 分类器句柄。

● Features：样本特征。

● Class：样本所属类别。

（3）样本分类

classify_class_svm(: : SVMHandle, Features, Num : Class)
其中主要参数的含义如下。

● SVMHandle：SVM 分类器句柄。

● Features：样本特征。

● Num：分类器的识别结果数量（缺省值为1）。

● Class：识别结果。

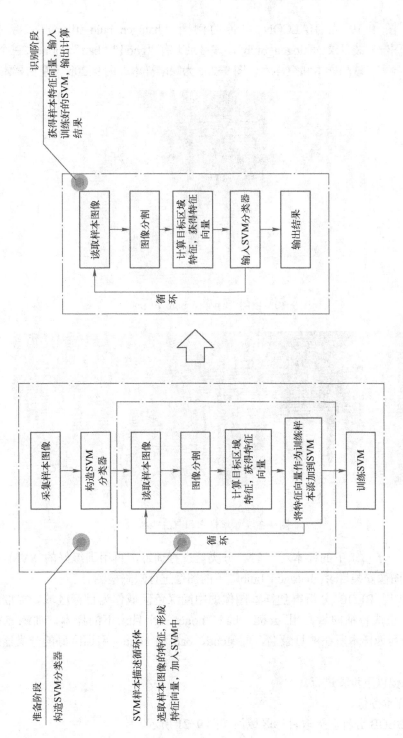

图 9-18 支持向量机运行原理示意图

9.4 案例——应用支持向量机进行样本缺陷检测

【要求】图 9-19 为 HALCON 自带的例图"halogen_bulb_01.png",所在目录为"HALCON 的图像安装目录\ \halogen_bulb",该目录下有"good""bad""none"三个子目录,分别存储正常样本、缺陷样本和空样本,图 9-20a 为缺陷样本、图 9-20b 为空白样本。

图 9-19 例图"halogen_bulb_01.png"

a)   b)

图 9-20 缺陷样本和空白样本

用上述三个子目录下的样本对 SVM 分类器进行训练,再用训练好的 SVM 分类器对"HALCON 的图像安装目录 \halogen_bulb"下的图像进行缺陷检测。

【分析】先用 BLOB 分析得到样本图像的中间深色区域作为目标区域。提取目标区域的形状特征,组成特征向量,用 good、bad、none 三个目录下的样本,训练 SVM 分类器,类标签分别为样本所在的目录名,即 good、bad 和 none。用训练好的分类器进行样本缺陷检测。

样本训练按以下步骤进行。

1)读取样本图像。

2)使用 BLOB 分析后提取目标区域,如图 9-21 所示。

3)计算特征向量(Features);由于目标区域为不规则形状,目标区域的特征向量选择了目标区域的面积(Area)、密实度(Compactness)、四个不变矩特征(PSI1,PSI2,PSI3,

PSI4）和凸度（Convexity）等 7 个特征组成。对图 9-21 中目标区域计算得到如下特征向量：[214003 336.118 694.442 34.8204 0.0121386 3.78691e-009 -6.21819e-006 1.12675e-006 0.569277]。

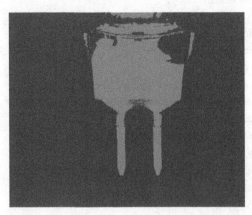

图 9-21　目标区域

4）将特征向量按照类型加入 SVM 中进行训练。即通过构造 SVM 时定义的核函数，在高维特征空间寻找最优的分界面，将特征空间划分成 good、bad、none 三类不同空间。

【源代码】

```
+++++++++++++++++++++++++++++++++++++++++++++++++++++++++++++++++++++++++++
*主程序源代码
*获得 HALCON 图像安装目录
get_system ('image_dir', HALCONImages)
get_system ('operating_system', OS)
read_image (Image, 'halogen_bulb/halogen_bulb_01.png')
*得到图像的长、宽
get_image_pointer1 (Image, Pointer, Type, Width, Height)
dev_close_window ()
dev_open_window (0, 0, Width / 2, Height / 2, 'black', WindowHandle)
set_display_font (WindowHandle, 14, 'mono', 'true', 'false')
*训练样本标注为 good、bad 和 none 三种类别
ClassNames := ['good','bad','none']
*设置 SVM 分类器参数
Nu := 0.05
KernelParam := 0.02
*创建 SVM 分类器
create_class_svm (7, 'rbf', KernelParam, Nu, |ClassNames|, 'one-versus-one', 'principal_components', 5, SVMHandle)
* 添加样本
add_samples_to_svm (ClassNames, SVMHandle, WindowHandle, ReadPath)
dev_clear_window ()
* 训练分类器
train_class_svm (SVMHandle, 0.001, 'default')
* 用训练好的分类器进行目标分类
```

```
classify_regions_with_svm (SVMHandle, Colors, ClassNames, ReadPath)
*
* Clear the classifier from memory
clear_class_svm (SVMHandle)


*添加样本子程序 add_samples_to_svm 源代码
forClassNumber := 0 to |ClassNames| - 1 by 1
*读取三个目录下的训练样本
list_files (ReadPath + ClassNames[ClassNumber], 'files', Files)
Selection :=regexp_select(Files,'.*[.]png')
for Index := 0 to |Selection| - 1 by 1
        read_image (Image, Selection[Index])
        dev_display (Image)
 *提取目标区域
threshold (Image, Region, 0, 40)
*计算目标区域的特征向量
        calculate_features (Region, Features)
*将特征向量加入 SVM 分类器中
        add_sample_class_svm (SVMHandle, Features, ClassNumber)
endfor
endfor
return ()


*特征提取子程序 calculate_features 源代码
    *计算区域面积
    area_center (Region, Area, Row, Column)
    *计算区域紧密度
    compactness (Region, Compactness)
    *计算二阶矩
    moments_region_central_invar (Region, PSI1, PSI2, PSI3, PSI4)
    *计算凸度
    convexity (Region, Convexity)
    *得到特征向量
    Features := real([Area,Compactness,PSI1,PSI2,PSI3,PSI4,Convexity])
return ()


*样本分类子程序 classify_regions_with_svm 源代码
    list_files (ReadPath, ['files','recursive'], Files)
    Selection :=regexp_select(Files,'.*[.]png')
    read_image (Image, Selection[0])
    dev_close_window ()
    get_image_size (Image, Width, Height)
    dev_open_window (0, 0, Width / 2, Height / 2, 'black', WindowHandle)
    set_display_font (WindowHandle, 14, 'mono', 'true', 'false')
    for Index := 0 to |Selection| - 1 by 1
    *读取待检测图像
        read_image (Image, Selection[Index])
```

```
        *提取目标区域
            threshold (Image, Region, 0, 40)
        *计算目标区域的特征向量
            calculate_features (Region, Features)
        *用训练好的 SVM 分类器进行分类
            classify_class_svm (SVMHandle, Features, 1, Class)
            dev_display (Image)
            dev_display (Region)
        endfor
        dev_display (Image)
    return ()
```

++

9.5 神经网络

9.5.1 神经网络的定义

人工神经网络（Artificial Neural Network，ANN）简称神经网络（Neural Network，NN）或类神经网络，是一种模仿生物神经网络（动物的中枢神经系统，特别是大脑）的结构和功能的数学模型或计算模型，用于对函数进行估计或近似。

神经网络主要由输入层、隐藏层、输出层构成。当隐藏层只有一层时，该网络为两层神经网络，因为输入层未做任何变换，可以不看作单独的一层。实际中，网络输入层的每个神经元代表了一个特征，输出层个数代表了分类类别个数，而隐藏层层数以及隐藏层神经元由人工设定。图 9-22 中为一个经典的神经网络，其中的输入层有三个输入单元，隐藏层有四个单元，输出层有两个单元。

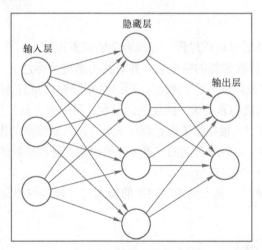

图 9-22　神经网络示意图

设计一个神经网络时，输入层与输出层的节点数往往是固定的，隐藏层则可以自由指定。神经网络结构图中的拓扑与箭头代表着预测过程时数据的流向。结构图中的每个连接线对应一个不同的权重（其值称为权值），这是需要训练得到的。

神经网络结构图中的圆被称为神经元，其结构如图 9-23 所示。其中的 a_1，a_2，a_3 为神经元的输入参数，w_1，w_2，w_3 为神经元连接线上的权值，z_1，z_2 为两路输出，f 为神经元的输入和输出之间的函数关系，这个函数称为激励函数。

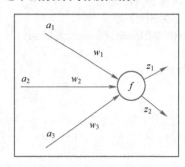

图 9-23   神经元示意图

9.5.2   神经网络的创建和应用

神经网络的创建和应用，通常包括以下步骤：

1. 定义神经网络结构

神经网络的创建，首先需要确定输入的特征数量和输出的分类类别，还要确定神经网络的结构，即指定输入层、隐藏层、输出层的大小。在设计一个神经网络时，输入层的节点数需要与特征的维度匹配，输出层的节点数要与目标的维度匹配。而中间层的节点数，却是由设计者指定的，但是，节点数设置的多少，却会影响到整个模型的效果。如何决定这个中间层的节点数呢？目前业界没有完善的理论来指导这个决策。一般是根据经验来设置。较好的方法就是预先设定几个可选值，通过切换这几个值来看整个模型的预测效果，选择效果最好的值作为最终选择。

2. 神经网络训练

创建神经网络关键是通过训练过程，寻找合适的权重矩阵。

1）采集训练样本，提取训练的特征值，并对其类别进行标注。

2）给神经网络权重矩阵赋一个初始值，用这个矩阵对训练样本进行预测，通过损失函数（损失函数是计算输出值与真实值之间误差的函数，可以有不同的定义方式），观察预测结果和训练样本的标注值的差，根据结果来更新权重矩阵，直到预测结果和实际结果相差最小，即损失函数的值最小时停止。此时得到的权重矩阵的模型就是训练好的神经网络模型了。

3. 应用神经网络进行预测和分类

提取预测的样本的特征，输入到神经网络的输入层，神经网络运行后，在输出层得到预测或分类结果。

9.5.3   常见的神经网络类型

1. BP 神经网络

BP（Back Propagation）神经网络是由输入层、隐藏层、输出层组成的阶层型神经网络，隐藏层可扩展为多层。相邻层之间各神经元进行全连接，而每层各神经元之间无连接，网络按有监督方式进行学习，当训练样本提供给网络后，各神经元获得网络的输入响应产生连接权值（Weight）。然后按减小希望输出与实际输出误差的方向，从输出层经各中间层逐层修正各连接权，回到输入层。此过程反复进行，直至网络的全局误差趋向给定的极小值，即完成学习的过程。

BP 神经网络具有极强的非线性映射能力。理论上，对于一个三层和三层以上的 BP 网络，只要隐藏层神经元数目足够多，该网络就能以任意精度逼近一个非线性函数。

BP 神经网络具有对外界刺激和输入信息进行联想记忆的能力。这是因为它采用了分布并行的信息处理方式，对信息的提取必须采用联想的方式，才能将相关神经元全部调动起来。BP 神经网络通过预先存储信息和学习机制进行自适应训练，可以从不完整的信息和噪声干扰中恢复原始的完整信息。这种能力使其在图像复原、语言处理、模式识别等方面得到广泛应用。

2. RBF（径向基）神经网络

径向基函数（Radial Basis Function，RBF）神经网络是具有单隐层的三层前馈网络。它模拟了人脑中局部调整、相互覆盖接收域的神经网络结构，因此是一种局部逼近网络，它能够以任意精度逼近任意连续函数，特别适合解决分类问题。

RBF 神经网络有很强的非线性拟合能力，可映射任意复杂的非线性关系，而且学习规则简单，便于计算机实现。它具有很强的鲁棒性、记忆能力、非线性映射能力以及强大的自学习能力，因此在图像处理、语音识别、时间系列预测、雷达原点定位、医疗诊断等领域有广泛应用。

3. 自组织神经网络

芬兰学者 Kohonen 提出了自组织特征映射神经网络模型。他认为一个神经网络在接受外界输入模式时，会自适应地对输入信号的特征进行学习，进而自组织成不同的区域，并且在各个区域对输入模式具有不同的响应特征。在输出空间中，这些神经元将形成一张映射图，映射图中功能相同的神经元靠得比较近，功能不同的神经元分得比较开，自组织映射过程是通过竞争学习完成的。所谓竞争学习是指同一层神经元之间相互竞争，竞争胜利的神经元修改与其连接的连接权值的过程。竞争学习是一种无监督学习方法，在学习过程中，只需要向网络提供一些学习样本，而无须提供理想的目标输出，网络根据输入样本的特性进行自组织映射，从而对样本进行自动排序和分类。

自组织神经网络包括自组织竞争网络、自组织特征映射网络、学习向量量化等网络结构形式。

4. 反馈神经网络

在反馈神经网络中，信息在前向传递的同时还要进行反向传递，这种信息的反馈可以发生在不同网络层的神经元之间，也可以只局限于某一层神经元上。由于反馈网络属于动态网络，只有满足了稳定条件，网络才能在工作了一段时间之后达到稳定状态。反馈网络的典型代表是 Elman 网络和 Hopfield 网络。

HALCON 中有如下与神经网络相关的算子。

（1）create_class_mlp(: : NumInput, NumHidden, NumOutput, OutputFunction, Preprocessing, NumComponents, RandSeed : MLPHandle)

参数说明如下。

- NumInput：输入层神经元数量。
- NumHidden：中间层神经元数量。
- NumOutput：输出层神经元数量。
- OutputFunction：输出层的激活函数。
- Preprocessing：特征值预处理方法。
- NumComponents：特征值预处理参数。
- RandSeed：神经网络初始参数随机数。
- MLPHandle：神经网络句柄

（2）add_sample_class_mlp(: : MLPHandle, Features, Target :)

参数说明如下。

- MLPHandle：神经网络句柄。
- Features：训练样本特征值。
- Target：训练样本所属类别。

（3）train_class_mlp(: : MLPHandle, MaxIterations, WeightTolerance, ErrorTolerance : Error, ErrorLog)

参数说明如下。

- MLPHandle：神经网络句柄。
- MaxIterations：最大迭代次数。
- WeightTolerance：两次优化迭代后得到的权值差的阈值。
- ErrorTolerance：两次优化迭代后神经网络输出值的平均误差的阈值。
- Error：训练后得到的神经网络输出值的平均误差。
- ErrorLog：每次迭代的错误日志。

（4）classify_class_mlp(: : MLPHandle, Features, Num : Class, Confidence)

参数说明如下。

- MLPHandle：神经网络句柄。
- Features：训练样本特征值。
- Num：识别的目标数。
- Class：识别目标类型。
- Confidence：置信度。

9.5.4　案例——用神经网络训练识别车牌汉字

【要求】以图 9-24 中的车牌中的汉字作为样本，用神经网络的方法训练，形成字库，并用该字库识别出图 9-25 车牌上的汉字。

粤湘黑闽赣浙沪

图 9-24　车牌汉字样本

图 9-25　车牌上的汉字

【分析】在准备阶段，从上述样本图像中分割出汉字，以每个汉字的圆度、形状因子、几何矩等 6 个特征作为训练特征，建立一个 6×7×7 的神经网络，训练形成汉字库。在识别阶段，读入待识别图像，分割出其中的汉字，送入神经网络进行识别。

【源代码】

```
+++++++++++++++++++++++++++++++++++++++++++++++++++++++++++++++++++++++++++++++
read_image (Image,'图 9-24.png')
rgb3_to_gray (Image, Image, Image, ImageGray)
threshold (ImageGray, Region, 0,128)
connection (Region, ConnectedRegions1)
*闭运算后做交运算，提取出完整的汉字
closing_circle (Region, RegionClosing, 3.5)
connection (RegionClosing, ConnectedRegions)
intersection (ConnectedRegions, ConnectedRegions1, RegionIntersection)
sort_region (RegionIntersection, SortedRegions, 'character', 'true', 'row')
count_obj (SortedRegions, Number)
*输入待识别的样本所对应的汉字
TrainingNames := ['粤','湘','黑','闽','赣','浙','沪']
*建立 6×7×7 的神经网络
create_class_mlp (6,5,7, 'softmax', 'normalization', 3, 42, MLPHandle)
for i:= 1 to Number by 1
    select_obj (SortedRegions, ObjectSelected, i)
    dev_display (ObjectSelected)
*提取出每个汉字的特征
circularity (ObjectSelected, Circularity)
    *轮廓形状因子
roundness (ObjectSelected, Distance, Sigma, Roundness, Sides)
    *区域的几何矩
    moments_region_central_invar (ObjectSelected, PSI1, PSI2, PSI3, PSI4)
*形成特征向量
    Features := [Circularity,Roundness,PSI1,PSI2,PSI3,PSI4]
*将特征向量加入神经网络训练集
    add_sample_class_mlp (MLPHandle, Features, i-1)
endfor
k:= TrainingNames[0]
*训练神经网络
train_class_mlp (MLPHandle, 200, 1, 0.01, Error, ErrorLog)
*清除多层感知器的训练数据
```

```
clear_samples_class_mlp (MLPHandle)
read_image (Image1, '图 9-25.png')
rgb1_to_gray (Image1, GrayImage)
threshold (GrayImage, Region1, 0,128)
*提取特征
circularity (Region1, Circularity)
roundness (Region1, Distance, Sigma, Roundness, Sides)
moments_region_central_invar (Region1, PSI1, PSI2, PSI3, PSI4)
Features := [Circularity,Roundness,PSI1,PSI2,PSI3,PSI4]
*识别
classify_class_mlp (MLPHandle, Features, 1, Class, Confidence)
*显示结果
disp_message (3600, TrainingNames[Class], 'window', 12, 12, 'black', 'true')
```
++

9.5.5   案例——用神经网络进行像素分类

【要求】产生一组数据，按空间位置划分为三类（如图 9-26 所示），将其作为训练集。应用神经网络对一幅 200×200 图像中的每个像素进行分类。

图 9-26   样本示意图

【源代码】

++
```
*产生三个椭圆区域
gen_ellipse (RegionClass1, 60, 60, rad(-45), 60, 40)
gen_ellipse (RegionClass2, 70, 130, rad(-145), 70, 30)
gen_ellipse (RegionClass3, 140, 100, rad(100), 55, 40)
*产生一幅图像，在上面添加白噪声
gen_image_const (Image, 'byte', 200, 200)
add_noise_white (Image, ImageNoise1, 60)
add_noise_white (Image, ImageNoise2, 60)
```

```
add_noise_white (Image, ImageNoise3, 60)
threshold (ImageNoise1, RegionNoise1, 40, 255)
threshold (ImageNoise2, RegionNoise2, 40, 255)
threshold (ImageNoise3, RegionNoise3, 40, 255)
*将含有噪声的椭圆区域划分为类
intersection (RegionClass1, RegionNoise1, SamplesClass1)
intersection (RegionClass2, RegionNoise2, SamplesClass2)
intersection (RegionClass3, RegionNoise3, SamplesClass3)
* Display the samples of each class.
Message := 'Training samples of the 3 classes'
disp_message (WindowHandle, Message, 'window', 12, 12, 'black', 'true')
stop ()
*生成训练样本集集合
concat_obj (SamplesClass1, SamplesClass2, Samples)
concat_obj (Samples, SamplesClass3, Samples)
*创建神经网络
create_class_mlp (2, 5, 3, 'softmax', 'normalization', 1, 42, MLPHandle)
*从训练样本集合中提取出训练样本，分别加入神经网络
for Class := 0 to 2 by 1
    select_obj (Samples, SamplesClass, Class + 1)
    get_region_points (SamplesClass, Rows, Cols)
for J := 0 to |Rows| - 1 by 1
        add_sample_class_mlp (MLPHandle, real([Rows[J],Cols[J]]), Class)
endfor
endfor
*获得训练样本的数量
get_sample_num_class_mlp (MLPHandle, NumSamples)
*训练神经网络
train_class_mlp (MLPHandle, 300, 0.01, 0.01, Error, ErrorLog)
*应用神经网络，根据一幅 200×200 图像中的每个像素的坐标对其进行分类
for R := 0 to 199 by 1
for C := 0 to 199 by 1
Features := real([R,C])
        evaluate_class_mlp (MLPHandle, Features, Prob)
        classify_class_mlp (MLPHandle, Features, 1, Class, Confidence)
endfor
endfor
clear_class_mlp (MLPHandle)
```

++

9.6　字符识别（OCR）

9.6.1　字符识别原理

　　光学字符识别（Optical Character Recognition，OCR）是指用计算机图像处理的方法将字符图像"翻译"成计算机文字的过程，包括图像采集、预处理（二值化、噪声去除、倾斜校正）、字符定位、字符分割、特征提取、字符分类等步骤，如图 9-27 所示。

图 9-27　字符识别过程

OCR 字符识别经常采用的方法可以分为以下几种类：

1. 统计特征字符识别

这类方法先从字符图像中提取字形，将其与事先存储的字形进行比较，将相似度最高的匹配结果作为分类结果。这类方法的匹配算法简单，具有较快的匹配速度和较高的识别率。但是，这类方法对于变形、旋转等改变方向字符的字体识别能力较弱。

2. 结构字符识别

该类方法首先对待识别字体进行字体结构识别，利用字符的轮廓结构特征和统计特征来确定字符的模式、基元等特征，并通过基元的排序、组合形成字符特征。该类方法需要较高的图像分辨率，以便获得清晰的图像特征结构，但这会影响图像识别的速度。

3. 神经网络的识别

该类方法将提取到的字符特征向量输入神经网络进行识别。该类方法能够有效地对各种模糊字符进行正确判断，但是学习速度慢，泛化能力较弱。

4. 深度学习的方法

这类方法通常用深度神经网络来充当字符的特征提取器和分类器，不再需要人为设计字符特征，从而减少了人为设计特征造成的不完备性，提高识别的准确率。它的缺点是：要达到很好的精度，需要大数据支撑，以及更多更好的硬件支持。

HALCON 对字符样本训练，形成字体库，其步骤如下。

1）分割字符区域。

2）调用 append_ocr_trainf 算子将字符加入训练集。

3）创建分类器。

4）调用 trainf_ocr_class_mlp 函数来训练分类器。

也可以使用 HALCON 自带的预先训练好的字体库，这类字体库通常存放在安装目录下的 ocr 文件夹中。这些字体来源于各个领域的大量训练数据，在程序中可以直接调用这些字体，用来识别文档、印刷品以及产品外包装上的点打印字体，甚至手写数字、文本等。

与此相关的算子如下。

（1）read_ocr_class_mlp(: : FileName : OCRHandle)

参数说明如下。

● FileName：字体库文件名。

● OCRHandle：字体库句柄。

（2）do_ocr_multi_class_mlp(Character, Image : : OCRHandle : Class, Confidence)

参数说明如下。

● Character：分割后得到的字符区域。

● Image：字符所在的灰度图像。

● OCRHandle：字体库句柄。

- Class：分类结果。
- Confidence：置信度。

9.6.2　案例——识别车牌中的英文字母和数字

【要求】识别出图 9-28 车牌中的英文字母和数字。

图 9-28　车牌

【分析】由于车牌为蓝底白字，先从彩色图中分解得到代表 R、G、B 三个分量的灰度图（图 9-29a～c），再转换得到 H、S、V 三分量的灰度图（图 9-29d～f）。经比较发现，图 9-29e 中车牌区域与背景反差明显，通过对该图片的 BLOB 分析确定车牌位置，再从图 9-29a 中分离出车牌上的字符。最后，用神经网络的方法进行字符识别。

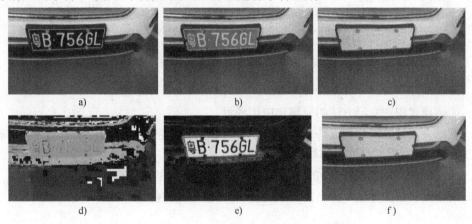

图 9-29　车牌颜色空间转换

a) R 分量　b) G 分量　c) B 分量　d) H 分量　e) S 分量　f) V 分量

【源代码】

```
++++++++++++++++++++++++++++++++++++++++++++++++++++++++++++++++++++++++++++
read_image (Image1, '图 9-28.jpg')
*分解得到 R、G、B 三分量
decompose3 (Image1, ImageR, ImageG, ImageB)
*转换得到 H、S、V 三分量
trans_from_rgb (ImageR, ImageG, ImageB, ImageResultH, ImageResultS, ImageResultV, 'hsv')
*对 S 分量图像进行二值化
```

```
threshold (ImageResultS, Regions, 183, 255)
connection (Regions, ConnectedRegions1)
opening_circle (ConnectedRegions1, RegionOpening, 3.5)
*确定车牌位置
select_shape (RegionOpening, SelectedRegions, 'area', 'and', 90658.4, 200000)
shape_trans (SelectedRegions, RegionTrans, 'convex')
*为了后续的字符识别，将 R 分量图像翻转
invert_image (ImageR, ImageInvert)
*提取出车牌
reduce_domain (ImageInvert, RegionTrans, ImageReduced)
*分割出车牌上的字符
threshold (ImageReduced, Regions1, 0, 95)
opening_circle (Regions1, RegionOpening1, 3.5)
connection (RegionOpening1, ConnectedRegions)
select_shape (ConnectedRegions, SelectedRegions1, 'area', 'and', 3491.15, 10000)
*字符排序
sort_region (SelectedRegions1, SortedRegions1, 'character', 'true', 'row')
*读入 HALCON 自带的训练好的字符模型
read_ocr_class_mlp    ('C:/Program    Files/MVTec/HALCON-12.0/ocr/Industrial_0-9A-Z_NoRej.omc',
OCRHandle)
*用神经网络进行字符识别
do_ocr_multi_class_mlp (SortedRegions1, ImageInvert, OCRHandle, Class, Confidence)
*显示识别后的结果
disp_message (3600, Class, 'window', 12, 12, 'black', 'true')
```

习题

1. 简述模式识别常用方法的原理和应用场景。
2. 根据人工神经网络和支持向量机（SVM）的特点，它们更适合用于解决哪类问题？
3. 简述 BP 神经网络的原理和它的优缺点。
4. 分别用 SVM 和神经网络的方法，识别出图 9-16 中的水果。
5. 用模式识别的方法，标出图 9-30 中所有 8 齿齿轮的位置。

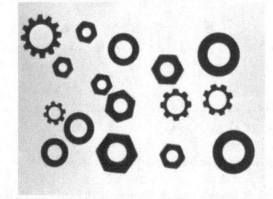

图 9-30　器件图（HALCON 的例图 "mixed_02"）

6．用 Windows 自带的画图工具，输入一段数字和字符，生成图片。从 HALCON 自带的训练好的模板中选择模板进行识别。

7．识别出图 9-31 中车牌上的字符和数字。

图 9-31　车牌（HALCON 自带附图"audi2"）

第10章 综合实例

10.1 模板匹配和数字识别

【要求】定位并识别出图 10-1 中 4 张 CD 封面图上的 CD 序列号。

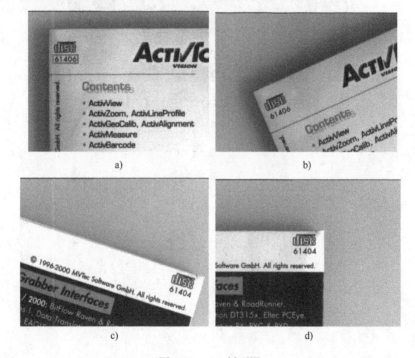

图 10-1　CD 封面图

【分析】

不同图片的 CD 序列号是不同的，且位置是变动的，但是序列号上方的"disc"字符与 CD 序列号相对位置是固定不变的，因此可以通过模板匹配的方法定位"disc"字符的位置，再来间接定位 CD 序列号的位置。定位成功后，调用 OCR 算子进行数字识别。

其步骤如下。

1．创建模板

1）打开 HALCON 自带的匹配助手，如图 10-2a 所示。

2）设置模板区域。打开"创建"选项卡，在文件对话框中输入图片；在模板感兴趣区域内选择绘图工具，在图片上绘制出模板的区域，结果如图 10-2b 所示。

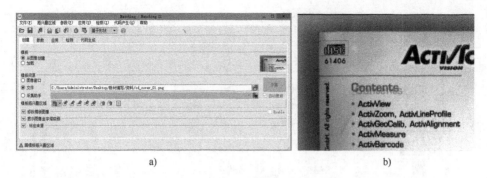

图 10-2　匹配助手

3）在"参数"选项卡中，设置模板参数，如图 10-3 所示。

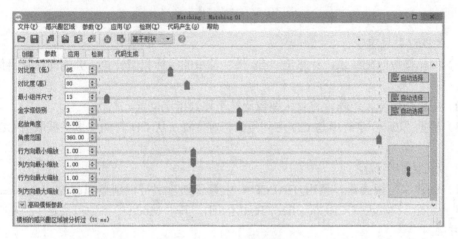

图 10-3　"参数"选项卡

4）在"应用"选项卡中，加载测试图片，对模板进行测试，如图 10-4 所示。

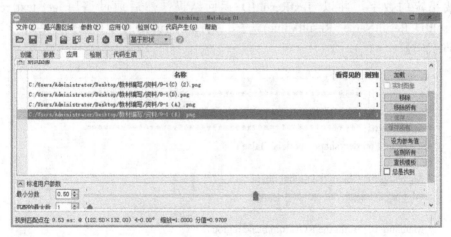

图 10-4　"应用"选项卡

5）在"代码生成"选项卡中，选择"插入代码"，生成代码，如图 10-5 所示。

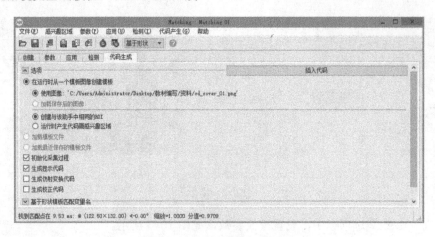

图 10-5 "代码生成"选项卡

2. CD 序列号定位

1）根据模板匹配结果，计算出"disc"字符串的坐标和偏转角，并据此计算出仿射变换矩阵。

2）根据仿射变换矩阵，将整张图像旋转平移到指定位置。

3）根据"disc"字符串与 CD 序列号的相对位置，从 CD 封面图像中截取出 CD 序列号图像。

3. OCR 数字识别

1）创建字符识读器。调用 HALCON 中算子创建字符识别器 TextModel，create_text_model_reader(: : Mode, OCRClassifier : TextModel)，其中 Mode 的参数值决定了使用哪种文本分割方法。

2）识别 CD 序列号图片中的数字字符。先调用 HALCON 中算子 find_text(Image : : TextModel : TextResultID)，输入包括数字字符的图像，调用字符识读器 TextModel，在图像中查找指定的数字，并以 TextResultID 返回结果；然后通过调用 get_text_result(: : TextResultID, ResultName : ResultValue)算子，从 TextResultID 中取回识别结果。

【源代码】

```
++++++++++++++++++++++++++++++++++++++++++++++++++++++++++++++++++++++++++++++++++++
* Matching 01: ********************************************
* Matching 01: BEGIN of generated code for model initialization
* Matching 01: ********************************************
set_system ('border_shape_models', 'false')
*
* Matching 01: Obtain the model image
read_image (Image, 'cd_cover_01.png')
*
* Matching 01: Build the ROI from basic regions
gen_rectangle1 (ModelRegion, 100, 85, 147, 175)
*
* Matching 01: Reduce the model template
reduce_domain (Image, ModelRegion, TemplateImage)
```

```
    *
    * Matching 01: Create the shape model
    create_shape_model (TemplateImage, 3, rad(0), rad(360), rad(2.7255), ['none','no_pregeneration'],
'use_polarity', [65,80,13], 6, ModelID)
        *
    * Matching 01: Get the model contour for transforming it later into the image
    get_shape_model_contours (ModelContours, ModelID, 1)
        *
    * Matching 01: Get the reference position
    area_center (ModelRegion, ModelRegionArea, RefRow, RefColumn)
    vector_angle_to_rigid (0, 0, 0, RefRow, RefColumn, 0, HomMat2D)
    affine_trans_contour_xld (ModelContours, TransContours, HomMat2D)
        *
    * Matching 01: Display the model contours
    dev_display (Image)
    dev_set_color ('green')
    dev_set_draw ('margin')
    dev_display (ModelRegion)
    dev_display (TransContours)
    stop ()
        *
    * Matching 01: END of generated code for model initialization
    * Matching 01:   * * * * * * * * * * * * * * * * * * * * * *
    * Matching 01: BEGIN of generated code for model application
        *
    * Matching 01: Loop over all specified test images
    TestImages := ['d_cover_02.png','cd_cover_03.png','cd_cover_04.png']
    for T := 0 to 2 by 1
        *
        * Matching 01: Obtain the test image
        read_image (Image, TestImages[T])
        *
        * Matching 01: Find the model
        find_shape_model (Image, ModelID, rad(0), rad(360), 0.8, 1, 0.5, 'least_squares', [3,1], 0.9, Row,
Column, Angle, Score)
        *
        * Matching 01: Transform the model contours into the detected positions
        dev_display (Image)
    for I := 0 to |Score| - 1 by 1
    hom_mat2d_identity (HomMat2D)
    hom_mat2d_rotate (HomMat2D, Angle[I], 0, 0, HomMat2D)
    hom_mat2d_translate (HomMat2D, Row[I], Column[I], HomMat2D)
            affine_trans_contour_xld (ModelContours, TransContours, HomMat2D)
            dev_set_color ('green')
            dev_display (TransContours)
    * 计算仿射变换矩阵
            vector_angle_to_rigid (Row, Column, Angle, RefRow, RefColumn, 0, HomMat2D1)
            affine_trans_image (Image, ImageAffineTrans, HomMat2D1, 'constant', 'false')
```

```
    * 得到校正后的序列号所在图像
            gen_rectangle1 (ROI_0, 148, 88, 179, 177)
            reduce_domain (ImageAffineTrans, ROI_0, TmpObj_MonoReduced_OCR_01_0)
        * 创建字符识读器
            create_text_model_reader ('auto', 'Universal_0-9_Rej.occ', TextModel)
    find_text (TmpObj_MonoReduced_OCR_01_0,TextModel, TextResultID)
            get_text_object (Characters, TextResultID, 'all_lines')
            get_text_result (TextResultID, 'class', ResultValue)
            set_display_font (200000, 16, 'mono', 'true', 'false')
            write_string (200000, ResultValue)
    disp_message (200000, ResultValue, 'window', Row, Column, 'black', 'true')
    endfor
    endfor
    *
    * Matching 01: Clear model when done
    stop ()
    clear_shape_model (ModelID)
    * Matching 01: ****************************************
    * Matching 01: END of generated code for model application
    * Matching 01: ****************************************
++++++++++++++++++++++++++++++++++++++++++++++++++++++++++++++++++++++++++
```

10.2   高精度测量

【要求】先用 HALCON 的测量工具对图中的尺子进行测量并计算出尺子的测量误差。再用 HALCON 的标定工具对摄像机进行标定，计算出造成图像形变的内外参数，然后将图像转化到世界坐标系中，实现图 10-6 所示尺子各刻度值的高精度测量。对两次测量的结果进行比较。

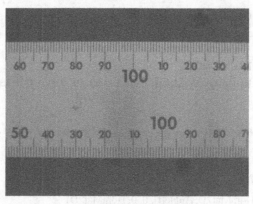

图 10-6   待测量图像（带刻度的尺子）

【分析】图 10-6 中带刻度的尺子各刻度的测量值在理论上应该是相等的，然而，由于镜头存在畸变以及尺子所在平面与摄像机不完全垂直等因素，都会导致图像发生轻微形变，进而导致各刻度的测量值存在着较大的偏差。

1. 用 HALCON 测量工具进行测量

1）打开 HALCON 测量助手，如图 10-7a 所示。再选择"图像文件"选项，输入并显示图像文件，如图 10-7b 所示。

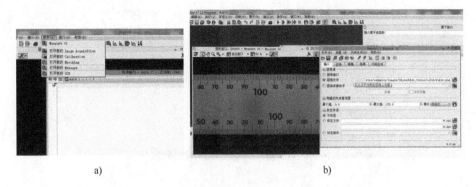

a)   b)

图 10-7　测量助手

2）用工具栏上的画线工具在图像上绘制出要测量的线段，如图 10-8 所示。

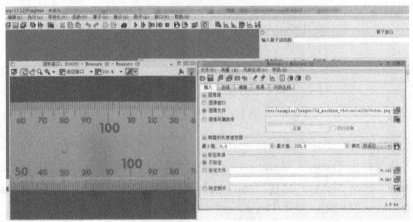

图 10-8　绘制测量线段

3）设置"边缘"参数，如图 10-9 所示。"变换"参数选择"positive"选项，即边缘取刻度的右边缘。

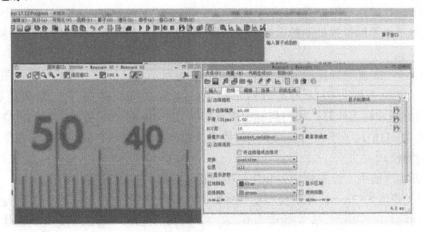

图 10-9　参数设置

4）计算尺子图像上各刻度右边缘之间的距离，如图 10-10 所示，并生成代码。

图 10-10　计算结果

5）测量误差计算

将测量结果保存在 Distance_Measure_02_0 变量中，用下列算子计算出测量结果的均值和方差：tuple_mean (Distance_Measure_02_0, Mean)、tuple_deviation (Distance_Measure_02_0, Deviation)，计算可得：均值 Mean =74.9295，方差 Deviation=0.843755。

由于每个刻度对应的实际长度为 5mm，因此，平均放大倍率可以用下式计算得到：

$$5mm/74.9295pixel = 0.06673mm/pixel$$

可以用上式得到各刻度值的像素值与实际物理尺寸值的转换关系。可以算出测量值的方差为 0.0563mm。

2．基于标定的高精度测量

1）采集 7 个不同位置处的标定板图像，如图 10-11a～g 所示。图 10-11h 为待测量尺子图像。

其中图 10-11a 是将标定板放置在图 10-11h 图像所示尺子上进行采集得到的图像，即尺子表面与标定板平面可以认为是近似平行的，二者之间只相差了一个标定板的厚度（2mm）。因此通过标定计算，可得到标定板在如图 10-11a 所示位置处的空间位姿值，便可间接得到图 10-11h 尺子平面所在的空间位姿值（即外参），再结合摄像机内参值便可实现尺子刻度值的测量。

2）打开标定助手，设置标定板和相机模型初始参数，如图 10-12 所示。

标定板的厚度为 2mm。相机模型初始参数值：普通透视镜头+面阵相机，镜头焦距 f 为 12mm，采用除法畸变模型，k 初始值为 0，S_x、S_y 均为 3.75μm，C_x、C_y 初始化为图像中心坐标（640,480），图像的宽和高分别为 1280 和 960。

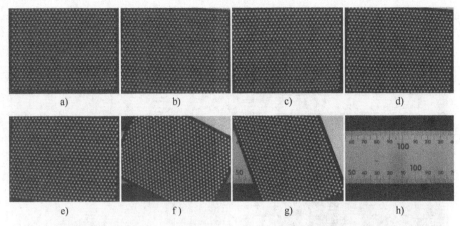

a)　　　　　　　　b)　　　　　　　　c)　　　　　　　　d)

e)　　　　　　　　f)　　　　　　　　g)　　　　　　　　h)

图 10-11　采集不同位置的标定板图像（HALCON 自带的图像）

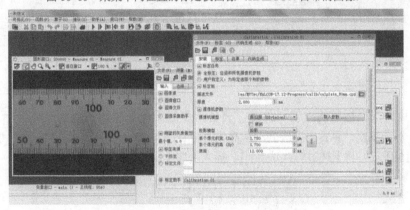

图 10-12　标定助手中的参数值设置

3）进行标定。加载不同位置处的标定板图像进行标定（将图 10-11a 设置为当前设定的参考位姿图像），如图 10-13 所示。

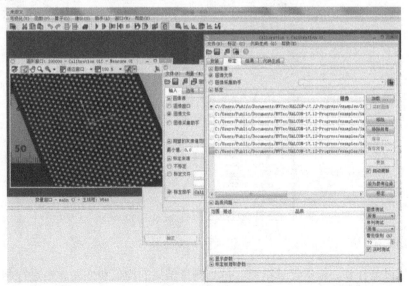

图 10-13　图像标定

4）标定结果。图 10-14 中为标定计算得到的相机内外参数。

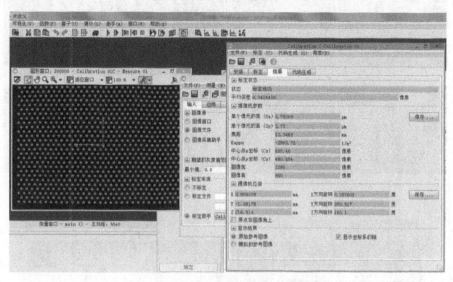

图 10-14　相机内外参数

5）测量。根据标定的内参和外参，将各刻度线的图像坐标转换到世界坐标系中，再用 distance_pp 算子重新计算各刻度线间的距离，存储在变量 Distance_World_Measure_02_0 中。结果如图 10-15 所示。将上述过程生成代码，插入程序中。

图 10-15　测量结果

6）测量误差计算。根据计算结果，得到测量结果的均值和方差。在进行相机标定后的刻度测量值的方差为 0.0125158mm，相比不进行标定的结果，测量精度提高了四倍。

【源代码】

```
++++++++++++++++++++++++++++++++++++++++++++++++++++++++++++++++
ImgPath := '3d_machine_vision/calib/'
dev_close_window ()
dev_open_window (0, 0, 640, 480, 'black', WindowHandle)
dev_update_off ()
dev_set_draw ('margin')
dev_set_line_width (3)
set_display_font (WindowHandle, 22, 'mono', 'true', 'false')
*
* 相机标定（以下为 HALCON 自动生成代码）
*
* gen_cam_par_area_scan_polynomial (0.012, 0, 0, 0, 0, 0, 0.00000375, 0.00000375, 640, 480, 1280,
960, StartCamPar)
gen_cam_par_area_scan_division (0.012, 0, 0.00000375, 0.00000375, 640, 480, 1280, 960, StartCamPar)
create_calib_data ('calibration_object', 1, 1, CalibDataID)
set_calib_data_cam_param (CalibDataID, 0, [], StartCamPar)
set_calib_data_calib_object (CalibDataID, 0, 'calplate_80mm.cpd')

NumImages := 7
for I := 1 to NumImages by 1
    read_image (Image, ImgPath + 'calib_image_' + I$'02d')
    dev_display (Image)
    find_calib_object (Image, CalibDataID, 0, 0, I-1, [], [])
    get_calib_data_observ_contours (Caltab, CalibDataID, 'caltab', 0, 0, I-1)
    get_calib_data_observ_points (CalibDataID, 0, 0, I-1, Row, Column, Index, StartPose)
    dev_set_color ('green')
    dev_display (Caltab)
    dev_set_color ('red')
disp_circle (WindowHandle, Row, Column, gen_tuple_const(|Row|,1.5))
endfor
calibrate_cameras (CalibDataID, Errors)
get_calib_data (CalibDataID, 'camera', 0, 'params', CamParam)
*[0,0] 第 0 个标定物，第 0 幅图像（与 find_calib_object 中的参数保持一致）
get_calib_data (CalibDataID, 'calib_obj_pose', [0,0], 'pose', Pose)
* To take the thickness of the calibration plate into account, the z-value
* of the origin given by the camera pose has to be translated by the
* thickness of the calibration plate.
* Deactivate the following line if you do not want to add the correction.
set_origin_pose (Pose, 0, 0, 0.002, Pose)
* measure the distance between the pitch lines
read_image (Image, ImgPath + 'ruler')
dev_display (Image)
gen_measure_rectangle2 (690, 680, rad(-0.25), 480, 8, 1280, 960, 'bilinear', MeasureHandle)
gen_rectangle2 (Rectangle, 690, 680, rad(-0.25), 480, 8)
measure_pairs (Image, MeasureHandle, 0.5, 5, 'all', 'all', RowEdgeFirst, ColumnEdgeFirst,
```

AmplitudeFirst, RowEdgeSecond, ColumnEdgeSecond, AmplitudeSecond, IntraDistance, InterDistance)

```
Row :=RowEdgeFirst
Row := (RowEdgeFirst + RowEdgeSecond) / 2.0
Col :=ColumnEdgeFirst
Col := (ColumnEdgeFirst + ColumnEdgeSecond) / 2.0
disp_cross (WindowHandle, Row, Col, 20, rad(45))
image_points_to_world_plane (CamParam, Pose, Row, Col, 'mm', X1, Y1)
distance_pp (X1[0:11], Y1[0:11], X1[1:12], Y1[1:12], Distance)
tuple_mean (Distance, MeanDistance)
tuple_deviation (Distance, DeviationDistance)
disp_message (WindowHandle, 'Mean distance: ' + MeanDistance$'.3f' + 'mm +/- ' + DeviationDistance$'.3f' + 'mm', 'window', 30, 60, 'yellow', 'false')
*测量
distance_pp (Col[0:11], Row[0:11], Col[1:12], Row[1:12], Distance2)
dist := Distance2*0.066
*计算误差
tuple_mean (dist, MeanDistance2)
tuple_deviation (dist, DeviationDistance2)
disp_message (WindowHandle, 'Mean distance: ' + MeanDistance2$'.3f' + 'mm +/- ' + DeviationDistance2$'.3f' + 'mm', 'window', 60, 60, 'yellow', 'false')
close_measure (MeasureHandle)
clear_calib_data (CalibDataID)
```

++

10.3　HALCON 与 C#混合编程

视频 12　HAL-CON 和 C#混合编程

【要求】设计一个软件，可以显示灰度图像和它的灰度直方图。机器视觉算法由 HALCON 实现，界面设计由 C#实现。

1）用 HALCON 软件分别设计一个图像显示程序和一个图像灰度直方图显示程序，程序源代码如下。

++

```
//1. showPic.hdev（图像显示）
dev_close_window ()
dev_open_window (0, 0, 512, 512, 'black', WindowHandle)
read_image (Image, 'fabrik')
dev_display (Image)
//2.showHisto（显示直方图）
dev_close_window ()
dev_open_window (0, 0, 512, 512, 'black', WindowHandle)
read_image (Image, 'fabrik')
threshold (Image, Region, 0, 255)
gray_histo (Region, Image, AbsoluteHisto, RelativeHisto)
gen_region_histo (Histo1, RelativeHisto, 255, 255, 1)
dev_clear_window ()
```

```
dev_display (Histo1)
```

++

2）用 HALCON 软件将上述两个程序导出为 C#格式，如图 10-16 所示。

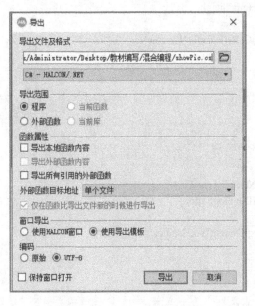

图 10-16　HALCON 程序导出

生成的 C#代码如下。

++

1．显示图像 showPic.cs

```
using System;
using HALCONDotNet;
public partial class HDevelopExport
{
public HTuple hv_ExpDefaultWinHandle;
public String path;
    // Main procedure
private void action()
    {
    // Local iconic variables
HObject ho_Image;
    // Local control variables
    // Initialize local and output iconic variables
HOperatorSet.GenEmptyObj(out ho_Image);
    //dev_close_window(...);
    //dev_open_window(...);
    ho_Image.Dispose();
HOperatorSet.ReadImage(out ho_Image,path);
HOperatorSet.DispObj(ho_Image, hv_ExpDefaultWinHandle);
    ho_Image.Dispose();
    }
```

```
    public void InitHALCON()
    {
        // Default settings used in HDevelop
    HOperatorSet.SetSystem("width", 512);
    HOperatorSet.SetSystem("height", 512);
    }
    public void RunHALCON(HTuple Window)
    {
        hv_ExpDefaultWinHandle = Window;
    action();
    }
}
```

2. 显示直方图 showHisto.cs

```
using System;
using HALCONDotNet;
public partial class HDevelopExport2
{
public HTuple hv_ExpDefaultWinHandle;
public String path;
    // Main procedure
private void action()
    {
        // Local iconic variables
    HObject ho_Image, ho_Region, ho_Histo1;
        // Local control variables
    HTuple hv_AbsoluteHisto = null, hv_RelativeHisto = null;
        // Initialize local and output iconic variables
    HOperatorSet.GenEmptyObj(out ho_Image);
    HOperatorSet.GenEmptyObj(out ho_Region);
    HOperatorSet.GenEmptyObj(out ho_Histo1);
        //dev_close_window(...);
        //dev_open_window(...);
        ho_Image.Dispose();
    HOperatorSet.ReadImage(out ho_Image, path);
        ho_Region.Dispose();
    HOperatorSet.Threshold(ho_Image, out ho_Region, 0, 255);
    HOperatorSet.GrayHisto(ho_Region, ho_Image, out hv_AbsoluteHisto, out hv_RelativeHisto);
        ho_Histo1.Dispose();
    HOperatorSet.GenRegionHisto(out ho_Histo1, hv_RelativeHisto, 255, 255, 1);
    HOperatorSet.ClearWindow(hv_ExpDefaultWinHandle);
    HOperatorSet.DispObj(ho_Histo1, hv_ExpDefaultWinHandle);
        ho_Image.Dispose();
        ho_Region.Dispose();
        ho_Histo1.Dispose();
    }
    public void InitHALCON()
    {
        // Default settings used in HDevelop
    HOperatorSet.SetSystem("width", 512);
```

```
HOperatorSet.SetSystem("height", 512);
    }
public void RunHALCON(HTuple Window)
    {
        hv_ExpDefaultWinHandle = Window;
action();
    }
}
```
+++

3）打开 Microsoft Visual Studio 2010，单击"文件"→"新建"→"项目"，创建 Windows 窗体应用程序，界面如图 10-17 所示。

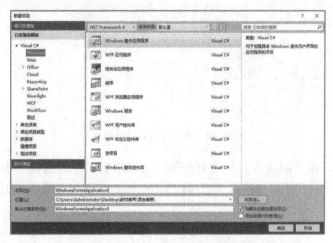

图 10-17　创建 Windows 窗体应用程序

4）在"解决方案资源管理器"中，在项目名称处单击鼠标右键，选择"属性"选项，会出现项目设置界面，如图 10-18 所示。

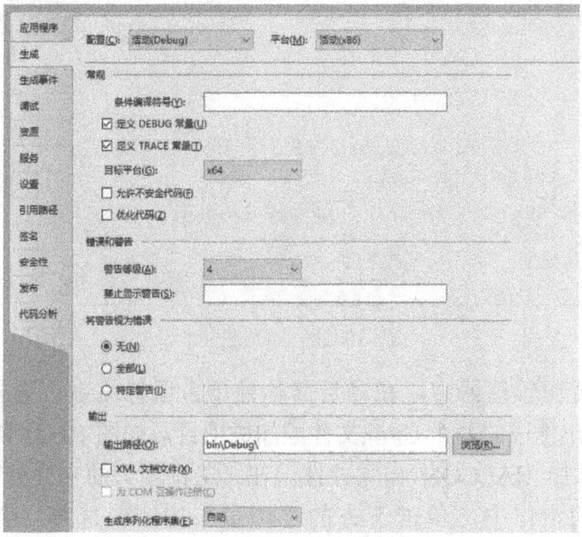

图 10-18　目标设置

5）将项目的目标框架更改为".NET Framework 4"，如图 10-19 所示。

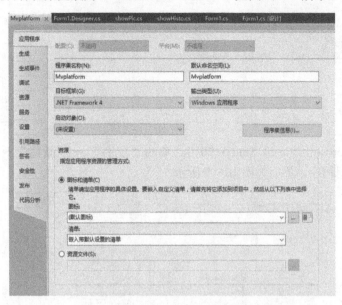

图 10-19　更改项目的目标框架

6）添加引用。在"解决方案资源管理器"右击项目名称，选择"引用"→"添加引用"选项，打开"添加引用"窗口，将 HALCONdotnet.dll 添加入项目，如图 10-20 所示。

图 10-20　添加引用

7）在解决方案资源管理器中，在项目名称处单击鼠标右键，选择"添加"→"现有项"，将 HALCON 导出生成的两个 C#源文件添加进项目，如图 10-21 所示。

8）在工具栏中添加 HALCON 相关控件。在"工具箱"的空白处单击鼠标右键，选择"选择项"，在弹出的窗口中，单击下方的"浏览"按钮，选择 HALCONdotnet.dll，将"HWindowControl"控件加入工具箱中，如图 10-22 所示。

图 10-21　添加 C#源文件

图 10-22　在工具栏中添加 HALCON 控件

9）设计程序界面。界面中包括两个 HwindowControl 控件和三个按钮，如图 10-23 所示。

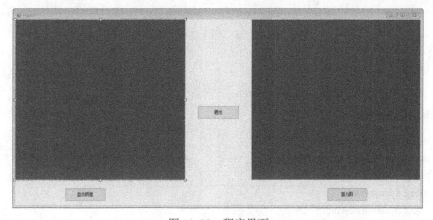

图 10-23　程序界面

10）在表单程序中添加 HALCONDotNet 命名空间，如图 10-24 所示。

```
Mvplatform    Form1.Designer.cs    showPic.cs    showHisto.cs    Form1.cs  ×
Mvplatform.Form1
using System;
using System.Collections.Generic;
using System.ComponentModel;
using System.Data;
using System.Drawing;
using System.Linq;
using System.Text;
using System.Windows.Forms;
using HalconDotNet;
namespace Mvplatform
{
    public partial class Form1 : Form
    {
        public Form1()
        {
            InitializeComponent();
        }
        public String path;
        private void button2_Click(object sender, EventArgs e)
        {
            Application.Exit();
        }
}
```

图 10-24　添加命名空间

11）为每个按钮添加执行代码。

12）运行程序，如图 10-25 所示。其中左图为灰度图，右图为灰度直方图。

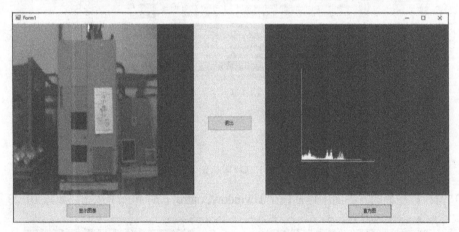

图 10-25　程序运行效果

【源代码】

++

表单程序 form1.cs

    using System;
    using System.Collections.Generic;
    using System.ComponentModel;
    using System.Data;
    using System.Drawing;
    using System.Linq;

```
using System.Text;
using System.Windows.Forms;
using HALCONDotNet;
namespace Mvplatform
{
public partial class Form1 : Form
    {
public Form1()
        {
InitializeComponent();
        }
public String path;
        private void button2_Click(object sender, EventArgs e)//退出按钮
        {
Application.Exit();
        }

        private void button1_Click(object sender, EventArgs e)//选择图像并显示
        {
openFileDialog1.ShowDialog();
HDevelopExport HD = new HDevelopExport();
path = openFileDialog1.FileName;
        HD.path = path;
HD.RunHALCON(hWindowControl1.HALCONWindow);
        }

        private void button3_Click(object sender, EventArgs e)//显示直方图
        {
HDevelopExport2 HD2 = new HDevelopExport2();
        HD2.path = path;
HD2.RunHALCON(hWindowControl2.HALCONWindow);
        }
    }
}
```
++

附录　HALCON常用算子

算子	主要参数	功能说明
access_channel(MultiChannelImage : Image : Channel :)	MultiChannelImage：（输入）多通道图像 Image：（输出）的图像 Channel：（输入）通道编号	从多通道图像中获取某个通道的图像
add_image(Image1, Image2 : ImageResult : Mult, Add :)	Image1，Image2：（输入）图像 ImageResult：（输出）图像 Mult：（输入）灰度值拉伸因子 Add：（输入）灰度值增加因子	将两幅图像（Image1，Image2）相加。设 $g1$、$g2$ 为输入图像像素，则输出图像对应像素 g'按下式计算： $g' := (g1 + g2) \times Mult + Add$
add_noise_white(Image:ImageNoise:Amp :)	Image：（输入）图像 ImageNoise：（输出）图像 Amp：（输入）最大噪声幅度	向图像（Image）添加白噪声
add_noise_distribution(Image : ImageNoise : Distribution :)	Image：（输入）图像 ImageNoise：（输出）图像 Distribution：（输入）噪声分布	按设定的噪声分布（Distribution）向图像（Image）中添加噪声
add_sample_class_mlp(: : MLPHandle, Features, Target :)	MLPHandle：（输入）多层感知网络句柄 Features：（输入）训练样本特征 Target：（输入）训练样本目标值	向一个多层感知网络（MLPHandle）中添加训练样本
affine_trans_contour_xld(Contours : ContoursAffinTrans : HomMat2D :)	Contours ：（输入）亚像素轮廓 ContoursAffinTrans：（输出）亚像素轮廓 HomMat2D：变换矩阵	根据生成的变换矩阵（HomMat2D）对亚像素轮廓进行仿射变换
affine_trans_image(Image : ImageAffinTrans : HomMat2D, Interpolation, AdaptImageSize :)	Image：（输入）图像 ImageAffinTrans：（输出）图像 HomMat2D：（输入）变换矩阵 Interpolation：（输入）插值类型 AdaptImageSize：（输入）自适应（输出）图像大小	根据生成的变换矩阵（HomMat2D）对图像进行仿射变换
affine_trans_region(Region : RegionAffineTrans : HomMat2D, Interpolate :)	Region：（输入）区域 RegionAffineTrans：（输出）区域 HomMat2D：变换矩阵 Interpolate：插值类型	根据生成的变换矩阵（HomMat2D）对区域进行仿射变换
angle_ll(: : RowA1, ColumnA1, RowA2, ColumnA2, RowB1, ColumnB1, RowB2, ColumnB2 : Angle)	RowA1，ColumnA1：（输入）线段A的起点坐标 RowA2，ColumnA2：（输入）线段A的终点坐标 RowB1，ColumnB1：（输入）线段 B 的起点坐标 RowB2，ColumnB2：（输入）线段 B 的终点坐标 Angle：（输出）角度	计算出两条线段之间的夹角
append_channel(MultiChannelImage, Image : ImageExtended : :)	MultiChannelImage：（输入）多通道图像 Image：（输入）单通道图像 ImageExtended：（输出）多通道图像	将单通道图像（Image）加入到多通道图像（MultiChannelImage）中
append_ocr_trainf(Character, Image : : Class, TrainingFile :)	Character：（输入）字符区域 Image：（输入）图像 Class：（输入）字符类别 TrainingFile：（输入）训练集文件	将字符训练样本（Character）添加到OCR训练集文件（TrainingFile）中
area_center(Regions : : : Area, Row, Column)	Regions：（输入）区域 Area：（输出）区域面积 Row，Column：（输出）区域中心点坐标	计算区域的面积和中心点坐标
area_center_gray(Regions, Image : : : Area, Row, Column)	Regions：（输入）区域 Image：（输入）图像 Area：（输出）区域面积 Row，Column：（输出）区域重心坐标	计算图像（image）中的区域（Regions）的大小和重心坐标

（续）

算子	主要参数	功能说明
area_center_points_xld(XLD : : : Area, Row, Column)	XLD：（输入）亚像素点云 Area：（输出）点云的像素个数 Row，Column：（输出）点云中心的坐标	计算亚像素点云（XLD）的像素个数和中心坐标
area_center_xld(XLD : : : Area, Row, Column, PointOrder)	XLD：（输入）亚像素轮廓 Area：（输出）由亚像素轮廓围成区域的面积 Row，Column：（输出）由亚像素轮廓围成区域的中心点坐标 PointOrder：（输出）像素的顺序方向	计算亚像素点云（XLD）转成区域的面积和中心坐标
auto_threshold(Image : Regions : Sigma :)	Image：（输入）图像 Regions：（输出）区域 Sigma：（输入）高斯滤波标准差	对输入图像（Image）进行自动分割
bandpass_image(Image : ImageBandpass : FilterType :)	Image：（输入）图像 ImageBandpass：（输出）图像 FilterType：滤波器类型	使用带通滤波器提取图像边缘
binary_threshold(Image : Region: Method, LightDark : UsedThreshold)	Image：（输入）图像 Region：（输出）区域 Method：（输入）图像分割方法 LightDark：（输入）（输出）前景还是背景 UsedThreshold：（输出）分割阈值	自动确定全局阈值来对图像进行分割
bit_and(Image1, Image2 : ImageAnd : :)	Image1：（输入）图像 1 Image2：（输入）图像 2 ImageAnd：（输出）图像	两幅图像（Image1，Image2）对应像素按位进行与操作
bit_or(Image1, Image2 : ImageOr : :)	Image1：（输入）图像 1 Image2：（输入）图像 2 Imageor：（输出）图像	两幅图像（Image1，Image2）对应像素按位进行或操作
bit_xor(Image1, Image2 : ImageXor : :)	Image1：（输入）图像 1 Image2：（输入）图像 2 ImageXor：（输出）图像	两幅图像（Image1，Image2）对应像素按位进行异或操作
bit_not(Image : ImageNot : :)	Image：（输入）图像 ImageNot：（输出）图像	对图像（Image）按位进行非操作
boundary(Region : RegionBorder: BoundaryType :)	Region：（输入）区域 RegionBorder：（输出）区域边界 BoundaryType：（输入）区域类型	提取输入区域（Region）的边界
calibrate_cameras(: : CalibDataID : Error)	CalibDataID：（输入）标定数据模型句柄 Error：（输出）均方根误差	根据标定数据模型计算相机的内外参数
calibrate_hand_eye(: : CalibDataID : Errors)	CalibDataID：（输入）标定数据模型句柄 Errors：（输出）平均残差	根据标定数据模型进行手眼标定
caltab_points(: : CalPlateDescr : X, Y, Z)	CalPlateDescr：（输入）标定板文件 X，Y，Z：（输出）标定点中心的三维坐标	从标定板文件（CalPlateDescr）中读取标定点中心的三维坐标
camera_calibration(: : NX, NY, NZ, NRow, NCol, StartCamParam, NstartPose, EstimateParams : CameraParam, NFinalPose, Errors)	NX，NY，NZ：（输入）标定点的三维坐标 Nrow，Ncol：（输入）标定点的行列坐标 StartCamParam：（输入）相机内部参数的初始值 NstartPose：（输入）相机外部参数的初始值 EstimateParams：（输入）待估计的相机参数 CameraParam：（输出）相机的内部参数 NfinalPose：（输出）相机的外部参数 Errors：（输出）平均误差	通过最小化过程确定相机的内外参数
change_radial_distortion_cam_par(: : Mode, CamParamIn, DistortionCoeffs : CamParamOut)	Mode：（输入）参数 CamParamIn：（输入）相机的内部参数 DistortionCoeffs：（输入）径向畸变系数 CamParamOut：（输出）相机的内部参数	输入径向畸变系数（DistortionCoeffs）确定新的摄像机参数
channels_to_image(Images : MultiChannelImage : :)	Images：（输入）单通道图像 MultiChannelImage：（输出）多通道图像	将输入的单通道图像转换为多通道图像
circularity(Regions : : : Circularity)	Regions：（输入）区域 Circularity：（输出）圆度	计算区域的圆度
circularity_xld(XLD : : : Circularity)	XLD：（输入）亚像素轮廓 Circularity：（输出）圆度	计算亚像素轮廓（XLD）围成区域的圆度

（续）

算子	主要参数	功能说明
classify_class_mlp(: : MLPHandle, Features, Num : Class, Confidence)	MLPHandle：（输入）多层感知网络句柄 Features：（输入）特征向量 Num：（输入）最佳分类结果的数量 Class：（输出）分类结果 Confidence：（输出）置信度	根据输入的特征向量（Features）进行分类
classify_image_class_mlp(Image : ClassRegions : MLPHandle, RejectionThreshold :)	Image：（输入）图像 ClassRegions：（输出）分类区域 MLPHandle：（输入）多层感知网络句柄 RejectionThreshold：（输入）拒绝阈值句柄	使用多层感知网络对图像（Image）进行像素分类，对低于阈值的不进行分类
clip_region(Region : RegionClipped : Row1, Column1, Row2, Column2 :)	Region：（输入）区域 RegionClipped：（输出）区域 Row1，Column1：（输入）区域左上角坐标 Row2，Column2：（输入）区域右下角坐标	在区域（Region）中，分割出 Row1，Column1 和 Row2，Column2 围成的区域
clip_region_rel(Region : RegionClipped : Top, Bottom, Left, Right :)	Region：（输入）区域 RegionClipped：（输出）区域 Top，Bottom：区域上面和下面的行数 Left，Right：区域左边和右边的列数	在区域（Region）中，按 Top，Bottom 和 Left，Right 所设定的行列数分割出区域
close_edges(Edges, EdgeImage : RegionResult : MinAmplitude :)	Edges：（输入）区域 EdgeImage：（输入）边缘梯度图像 RegionResult：（输出）区域 MinAmplitude：最小梯度	根据边缘梯度图像（EdgeImage）的幅度值对区域（Edges）中的边缘进行连接
close_edges_length(Edges, Gradient : ClosedEdges : MinAmplitude, MaxGapLength :)	Edges：（输入）区域 Gradient：（输入）边缘梯度图像 ClosedEdges：（输出）区域 MinAmplitude：（输入）最小梯度 MaxGapLength：（输入）边缘伸展的最大点数	根据边缘梯度图像（EdgeImage）的幅度值对区域（Edges）中的边缘点进行连接，最大长度不超过设定值（MaxGapLength）
closing(Region, StructElement : RegionClosing : :)	Region：（输入）区域 StructElement：（输入）结构单元 RegionClosing：（输出）区域	对输入区域（Region）以结构单元（StructElement）进行闭运算
closing_circle(Region : RegionClosing : Radius :)	Region：（输入）区域 RegionClosing：（输出）区域 Radius：（输入）圆的半径	对输入区域（Region）以半径为 Radius 的圆为结构单元进行闭运算
closing_rectangle1(Region : RegionClosing : Width, Height :)	Region：（输入）区域 RegionClosing：（输出）区域 Width，Height：矩形的长和宽	对输入区域（Region）以长、宽分别为 Width，Height 的矩形为结构单元做闭运算
create_aniso_shape_model(Template : : NumLevels, AngleStart, AngleExtent, AngleStep, ScaleRMin, ScaleRMax, ScaleRStep, ScaleCMin, ScaleCMax, ScaleCStep, Optimization, Metric, Contrast, MinContrast : ModelID)	Template：（输入）模板图像 NumLevels：（输入）金字塔层数 AngleStart，AngleExtent，AngleStep：（输入）模板旋转的起始角度、范围、步长 ScaleRMin，ScaleRMax，ScaleRStep：（输入）模板在行方向的伸缩比例的最小值、最大值、步长 ScaleCMin，ScaleCMax，ScaleCStep：（输入）模板在列方向的伸长比例的最小值、最大值、步长 Optimization：（输入）模板优化和创建方法 Metric：（输入）目标识别的条件 Contrast，MinContrast：（输入）对象和背景之间的最大灰度差、最小灰度值差 ModelID：（输出）模板的 ID 号	根据输入的金字塔层数（NumLevels）、旋转角、伸缩比例等参数创建基于各向异性形状的模板
create_class_mlp(: : NumInput, NumHidden, NumOutput, OutputFunction, Preprocessing, NumComponents, RandSeed : MLPHandle)	NumInput：（输入）MLP 网络的（输入）特征数量 NumHidden：（输入）MLP 网络隐层数量 NumOutput：（输入）MLP（输出）特征数量 OutputFunction：（输入）MLP 网络（输出）层中激活函数的类型 Preprocessing：（输入）用于特征向量变换的预处理类型 NumComponents：（输入）预处理参数个数 RandSeed：（输入）用于初始化 MLP 的随机数生成器的种子值 MLPHandle：（输出）MLP 网络句柄	根据输入的参数创建 MLP 网络

（续）

算子	主要参数	功能说明
create_data_code_2d_model(: : SymbolType, GenParamNames, GenParamValues : DataCodeHandle)	SymbolType:（输入）条码码类型 GenParamNames:（输入）参数名称 GenParamValues:（输入）参数值 DataCodeHandle:条码句柄	根据输入的参数创建条码句柄
create_funct_1d_array(: : YValues : Function)	YValues:（输入）一维数组 Function:（输出）函数	根据输入的一维数组创建函数
create_ncc_model(Template : : NumLevels, AngleStart, AngleExtent, AngleStep, Metric : ModelID)	Template:（输入）图像 NumLevels:（输入）金字塔层次 AngleStart, AngleExtent, AngleStep:（输入）模板旋转的起始角度、范围、步长 Metric:（输入）匹配标准 ModelID:（输出）模板 ID	根据输入的参数创建 NCC 模板
create_ocr_class_mlp(: : WidthCharacter, HeightCharacter, Interpolation, Features, Characters, NumHidden, Preprocessing, NumComponents, RandSeed : OCRHandle)	WidthCharacter:（输入）字符宽度 HeightCharacter:（输入）字符的高度 Interpolation:（输入）字符缩放样式 Features:（输入）用于分类的特征 Characters:（输入）要识别的字符 NumHidden:（输入）MLP 网络隐藏层数量 Preprocessing:（输入）用于特征向量变换的预处理类型 NumComponents:（输入）预处理参数个数 RandSeed:（输入）用于初始化 MLP 的随机数生成器的种子值 OCRHandle:（输出）OCR 句柄	根据输入参数创建用于 OCR 识别的 MLP 网络
create_scaled_shape_model_xld(Contours : : NumLevels, AngleStart, AngleExtent, AngleStep, ScaleMin, ScaleMax, ScaleStep, Optimization, Metric, MinContrast : ModelID)	Contours:（输入）XLD 轮廓 NumLevels:（输入）金字塔层数 AngleStart, AngleExtent, AngleStep:（输入）模板旋转的起始角度、范围、步长 ScaleRMin, ScaleRMax, ScaleRStep:（输入）模板在行方向的伸缩比例的最小值、最大值、步长 ScaleCMin, ScaleCMax, ScaleCStep:（输入）模板在列方向的伸长比例的最小值、最大值、步长 Optimization:（输入）模板优化和创建方法 Metric:（输入）目标识别的条件 MinContrast:（输入）对象和背景之间的最小灰度值差 ModelID:（输出）模板的 ID 号	根据输入参数创建 XLD 轮廓的匹配模板
create_shape_model(Template : : NumLevels, AngleStart, AngleExtent, AngleStep, Optimization, Metric, Contrast, MinContrast : ModelID)	Contours:（输入）模板图像 NumLevels:（输入）金字塔层数 AngleStart, AngleExtent, AngleStep:（输入）模板旋转的起始角度、范围、步长 Optimization:（输入）模板优化和创建方法 Metric:（输入）目标识别的条件 Contrast, MinContrast:（输入）对象和背景之间的最大灰度差、最小灰度值差 ModelID:（输出）模板的 ID 号	根据输入的参数创建基于形状的匹配模板
create_text_model_reader(: : Mode, OCRClassifierMLP : TextModel)	Mode:（输入）文本的分割方法 OCRClassifierMLP:（输入）OCR 字符集 TextModel:（输出）文本识读模板	创建文件识别模板
create_variation_model(: : Width, Height, Type, Mode : ModelID)	Width, Height:（输入）图像的宽和度 Type:（输入）图像类型 Mode:（输入）计算差异的方法 ModelID:（输出）模型 ID	创建差异比较模型
crop_domain(Image : ImagePart : :)	Image:（输入）图像 ImagePart:（输出）截取后的图像	从输入图像中截取图像输出
crop_rectangle1(Image : ImagePart : Row1, Column1, Row2, Column2 :)	Image:（输入）图像 ImagePart:（输出）截取后的图像 Row1, Column1:（输入）左上角坐标 Row2, Column2:（输入）右下角坐标	从输入图像中按输入的参数截取出矩阵图像

（续）

算子	主要参数	功能说明
crop_part(Image : ImagePart : Row, Column, Width, Height :)	Image：（输入）图像 ImagePart：（输出）截取后的图像集合 Row1，Column1：（输入）左上角坐标集合 Row2，Column2：（输入）右下角坐标集合	从输入图像中按输入的参数集合截取出多个矩阵图像
compactness(Regions : : : Compactness)	Regions：（输入）区域 Compactness：（输出）紧致度	计算，输入区域的紧致度
compactness_xld(XLD : : : Compactness)	XLD：（输入）XLD 轮廓 Compactness：（输出）紧致度	计算由 XLD 轮廓围成区域的紧致度
compare_ext_variation_model(Image : Region : ModelID, Mode :)	Image：（输入）输入图像 Region：（输出）与模板存在显著不同的区域 ModelID：（输入）模板 ID 号 Mode：（输入）模板比对方法	将图像与变体模板匹配
compare_variation_model(Image: Region : ModelID :)	Image：（输入）输入图像 Region：（输出）与模板存在显著不同的区域 ModelID：（输入）模板 ID 号	将图像与变体模板匹配
complement(Region : RegionComplement : :)	Region：（输入）区域 RegionComplement：（输出）区域的补集	返回输入区域（Region）的补集
compose2(Image1, Image2 : MultiChannelImage : :)	Image1：（输入）图像 1 Image2：（输入）图像 2 MultiChannelImage：（输出）多通道图像	将两图像合成为一幅多通道图像
concat_obj(Objects1, Objects2 : ObjectsConcat : :)	Objects1：（输入）元组 1 Objects2：（输入）元组 2 ObjectsConcat：（输出）元组 3	将两个元组合成为一个元组
connection(Region : ConnectedRegions : :)	Region：（输入）区域 ConnectedRegions：（输出）连通区域	连通区域分析
convert_image_type(Image : ImageConverted : NewType :)	Image：（输入）图像 ImageConverted：（输出）转换后的图像 NewType：（输入）图像类型	将输入图像转换为新的像类型
convexity(Regions : : : Convexity)	Regions：（输入）区域 Convexity：（输出）区域凸度	计算输入区域的凸度
convexity_xld(XLD : : : Convexity)	XLD：（输入）轮廓的 XLD Convexity：（输出）凸度	计算轮廓的 XLD 围成区域的凸度
convol_fft(ImageFFT, ImageFilter : ImageConvol : :)	ImageFFT：（输入）图像 ImageFilter：（输入）频率滤波器 ImageConvol：（输出）滤波后的图像	对输入图像（ImageFFT）用频率滤波器（ImageFilter）进行滤波
convol_gabor(ImageFFT, GaborFilter : ImageResultGabor, ImageResultHilbert : :)	ImageFFT：（输入）图像 GaborFilter：（输入）Gabor 滤波器 ImageResultGabor：（输出）Gabor 滤波结果 ImageResultHilber：（输出）Hilber 滤波结果	对输入图像（ImageFFT）用 Gabor 频率滤波器（GaborFilter）进行滤波
copy_image(Image : DupImage : :)	Image：（输入）图像 DupImage：（输出）图像	将输入图像（Image）复制到输出图像（Du- pImage）中
copy_obj(Objects : ObjectsSelected : Index, NumObj :)	Objects：（输入）目标 ObjectsSelected：（输出）对象 Index：（输入）索引号 NumObj：（输入）目标数量	从输入对象集合（Objects）中选择输出（ObjectsSelected）
correlation_fft(ImageFFT1, ImageFFT2 : ImageCorrelation : :)	ImageFFT1：（输入）傅里叶变换图像 ImageFFT2：（输入）傅里叶变换图像 ImageCorrelation：（输出）相关性图像	计算两幅傅里叶变换图像（ImageFFT1、ImageFFT2）的相关性
count_channels(MultiChannelImage : : : Channels)	MultiChannelImage：（输入）多通道图像 Channels：（输出）通道数量	计算多通道图像（MultiChannelImage）的通道数量
count_obj(Objects : : : Number)	Objects：（输入）对象集合 Number：（输出）对象数量	计算输入的对象集合（Objects）中的对象数量
count_seconds(: : : Seconds)	Seconds：（输出）时间	记录当前时间
decompose3(MultiChannelImage : Image1, Image2, Image3 : :)	MultiChannelImage：（输入）三通道图像 Image1，Image2，Image3：（输出）每个通道图像	将三通道图像（MultiChannelImage）拆分为三个通道图像（Image1、Image2、Image3）
delete_file(: : FileName :)	FileName：（输入）文件名	删除文件（FileName）

（续）

算子	主要参数	功能说明
derivate_gauss(Image : Deriv-Gauss : Sigma, Component :)	Image：（输入）图像 DerivGauss：（输出）卷积后图像 Sigma：（输入）高斯函数参数 Component：（输入）要计算的层数或特征	用高斯函数的导数卷积图像
dev_clear_window(: : :)		清除所有窗口
dev_close_window(: : :)		关闭所有窗口
dev_display(Object : : :)	Object：（输入）对象	在当前窗口中显示对象（Object）
dev_display_shape_matching_re-sults(: : ModelID, Color, Row, Column, Angle, ScaleR, ScaleC, Model :)	ModelID：（输入）模板 ID 号 Color：（输入）显示颜色 Row，Column：（输入）显示对象的坐标 Angle：（输入）显示对象的角度 ScaleR，ScaleC：对象的行、列伸缩比 Model：对象的索引号	在当前图像中显示匹配到的对象
dev_open_window(: : Row, Column, Width, Height, Background : Win-dowHandle)	Row，Column：（输入）窗口的左上角坐标 Width，Height：（输入）窗口的宽、高 Background：（输入）窗口的背景颜色 WindowHandle：（输出）窗口的句柄	打开新的图像窗口
diameter_xld(XLD : : Row1, Column1, Row2, Column2, Diameter)	XLD：（输入）XLD 曲线 Row1，Column1：（输出）曲线上的点 1 Row2，Column2：（输出）曲线上的点 2 Diameter：（输出）点 1 和点 2 之间的距离	计算曲线（XLD）上任意两点的最大距离
difference(Region, Sub : Region-Difference : :)	Region：（输入）区域 Sub：（输入）子区域 RegionDifference：（输出）两者的差	计算区域（Region）减去子区域（Sub）后剩余部分区域
dilation_circle(Region : Region-Dilation : Radius :)	Region：（输入）区域 RegionDilation：（输出）膨胀后的区域 Radius：（输入）圆的半径	以半径为 Radius 的圆为结构单元对区域（Region）做膨胀运算
dilation_rectangle1(Region : Re-gionDilation : Width, Height :)	Region：（输入）区域 RegionDilation：（输出）膨胀后的区域 Width，Height：（输入）矩形的宽和高	以宽和高为 Width，Height 的矩形为结构单元对区域（Region）做膨胀运算
dilation1(Region, StructElement : RegionDilation : Iterations :)	Region：（输入）区域 StructElement：（输入）结构单元 RegionDilation：（输出）膨胀后的区域 Iterations：（输入）迭代次数	以结构单元（StructElement）对区域（Region）做膨胀运算
dilation2(Region, StructElement : Re-gionDilation : Row, Column, Itera-tions :)	Region：（输入）区域 StructElement：（输入）结构单元 RegionDilation：（输出）膨胀后的区域 Row，Column：（输入）参考点坐标 Iterations：（输入）迭代次数	以（StructElement）为结构单元，设定参考点坐标（Row，Column）对区域（Region）做膨胀运算
dist_ellipse_contour_points_xld (Contour : : : DistanceMode, Clippi-ngEndPoints, Row, Column, Phi, Radius1, Radius2 : Distances)	Contour：（输入）XLD 曲线 DistanceMode：（输入）距离类型 ClippingEndPoints：（输入）忽略点的数量 Row，Column：（输入）椭圆中心点坐标 Phi：（输入）椭圆主轴的夹角 Radius1：（输入）椭圆长轴长度 Radius2：（输入）椭圆短轴长度 Distances：（输出）距离	计算曲线（XLD）上所有点到椭圆距离之和
distance_lr(Region : : Row1, Co-lumn1, Row2, Column2 : Distanc-eMin, DistanceMax)	Region：（输入）区域 Row1，Column1：（输入）线段起点坐标 Row2，Column2：（输入）线段终点坐标 DistanceMin：（输出）最短距离 DistanceMax：（输出）最远距离	计算线段到区域（Region）的最短距离和最长距离
distance_pl(: : Row, Column, Row1, Column1, Row2, Column2 : Distance)	Row，Column：（输入）点坐标 Row1，Column1：（输入）线段起点坐标 Row2，Column2：（输入）线段终点坐标 Distance：（输出）距离	计算点（Row，Column）到线段的正交距离

（续）

算子	主要参数	功能说明
distance_pp(: : Row1, Column1, Row2, Column2 : Distance)	Row1，Column1：（输入）点 1 坐标 Row2，Column2：（输入）点 2 坐标 Distance：（输出）距离	计算点 1（Row1，Column1）和点 2（Row2，Column2）的距离
distance_rr_min(Regions1, Regions2 : : : MinDistance, Row1, Column1, Row2, Column2)	Regions1：（输入）区域 1 Regions2：（输入）区域 2 MinDistance：（输出）最短距离 Row1，Column1：（输出）区域 1 上的点 Row2，Column2：（输出）区域 2 上的点	计算两个区域（Regions1，Regions2）之间的最短距离
distance_transform(Region : DistanceImage : Metric, Foreground, Width, Height :)	Region：（输入）区域 DistanceImage：（输出）距离图像 Metric：（输入）距离类型 Foreground：（输入）前景 Width，Height：（输入）输出图像的宽和高	计算区域（Region）中每个像素点到边界的距离
div_image(Image1, Image2 : ImageResult : Mult, Add :)	Image1：（输入）图像 1 Image2：（输入）图像 2 ImageResult：（输出）商的图像 Mult：（输入）灰度值拉伸因子 Add：（输入）灰度值增加因子	将两幅图像（Image1，Image2）相除。设 g1、g2 为输入图像像素，则输出图像对应像素 g'按下式计算： $g' := g1/\ g2 \times Mult + Add$
do_ocr_multi_class_mlp(Character, Image : : OCRHandle : Class, Confidence)	Character：（输入）字符区域 Image：（输入）字符图像 OCRHandle：（输入）OCR 分类器句柄 Class：（输出）分类结果 Confidence：（输出）置信度	用 OCR 分类器（OCRHandle）对字符区域（Character）进行识别
dual_threshold(Image : RegionCrossings : MinSize, MinGray, Threshold :)	Image：（输入）图像 RegionCrossings：（输出）分割出的区域 MinSize：（输入）分割区域的最小尺寸 MinGray：（输入）分割区域的最高灰度值的最小值 Threshold：（输入）分割阈值	以两个阈值（Threshold、MinGray）和区域尺寸（MinSize）对图像（Image）进行分割
dyn_threshold(OrigImage, ThresholdImage : RegionDynThresh : Offset, LightDark :)	OrigImage：（输入）原始图像 ThresholdImage：（输入）阈值图像 RegionDynThresh：（输出）分割输出区域 Offset：（输入）偏移量 LightDark：（输入）前景背景选择	将原始图像（OrigImage）与阈值图像（ThresholdImage）比较后输出分割区域
edges_image(Image : ImaAmp, ImaDir : Filter, Alpha, NMS, Low, High :)	Image：（输入）图像 ImaAmp：（输出）边缘幅度图像 ImaDir：（输出）边缘方向图像 Filter：（输入）边缘检测算子 Alpha：（输入）检测算子参数 NMS：（输入）非最大抑制参数 Low, High：迟滞阈值函数的低、高阈值	根据输入参数检测出图像（Image）中的边缘
edges_sub_pix(Image : Edges : Filter, Alpha, Low, High :)	Image：（输入）图像 Edges：（输出）XLD 边缘曲线 Filter：（输入）边缘检测算子 Alpha：（输入）检测算子参数 Low, High：迟滞阈值函数的低、高阈值	根据输入参数检测出图像（Image）中的边缘 XLD 曲线
emphasize(Image : ImageEmphasize : MaskWidth, MaskHeight, Factor :)	Image：（输入）图像 ImageEmphasize：（输出）增强后的图像 MaskWidth：（输入）低通滤波器窗口宽度 MaskHeight：（输入）低通滤波器窗口高度 Factor：（输入）对比度调节参数	对图像（Image）进行增强操作
equ_histo_image(Image : ImageEquHisto : :)	Image：（输入）图像 ImageEquHisto：（输出）均衡化后的图像	用直方图的方法对图像进行均衡化
erosion_circle(Region : RegionErosion : Radius :)	Region：（输入）区域 RegionErosion：（输出）腐蚀后的区域 Radius：（输入）结构圆的半径	以半径为 Radius 的圆对区域（Region）做腐蚀运算
erosion_rectangle1(Region : RegionErosion : Width, Height :)	Region：（输入）区域 RegionErosion：（输出）腐蚀后的区域 Width，Height：（输入）结构矩阵的宽和长	以宽和高为 Width 和 Height 的矩形对区域（Region）做腐蚀运算

（续）

算子	主要参数	功能说明
erosion1(Region, StructElement : RegionErosion : Iterations :)	Region：（输入）区域 StructElement：（输入）结构单元 RegionErosion：（输出）腐蚀后的区域 Iterations：（输入）迭代次数	以结构单元（StructElement）对区域（Region）做腐蚀运算
erosion2(Region, StructElement : RegionErosion : Row, Column, Iterations :)	Region：（输入）区域 StructElement：（输入）结构单元 RegionDilation：（输出）腐蚀后的区域 Row, Column：（输入）参考点坐标 Iterations：（输入）迭代次数	以（StructElement）为结构单元，设定参考点坐标（Row，Column），对区域（Region）做腐蚀运算
estimate_noise(Image : : Method, Percent : Sigma)	Image：（输入）图像 Method：（输入）噪声估计方法 Percent：（输入）有效像素的比例 Sigma：（输出）误差的标准差	计算图像（Image）中噪声的标准差
expand_gray(Regions, Image, ForbiddenArea : RegionExpand : Iterations, Mode, Threshold :)	Regions：（输入）区域 Image：（输入）图像 ForbiddenArea：（输入）禁止区域 RegionExpand：（输出）扩展后的区域 Iterations：（输入）迭代次数 Mode：（输入）扩散方式 Threshold：（输入）边界点阈值	对图像（Image）中的区域集合（Regions）进行扩展
expand_region(Regions, ForbiddenArea : RegionExpanded : Iterations, Mode :)	Regions：（输入）区域 ForbiddenArea：（输入）禁止区域 RegionExpand：（输出）扩展后的区域 Iterations：（输入）迭代次数 Mode：（输入）扩散方式	对图像（Image）中的区域集合（Regions）进行扩展
evaluate_class_mlp(: : MLPHandle, Features : Result)	MLPHandle：（输入）MLP 网络句柄 Features：（输入）特征 Result：（输出）评估结果	评估用 MLP 网络进行特征分类的结果，即每种类别的概率分布
fast_threshold(Image : Region : MinGray, MaxGray, MinSize :)	Image：（输入）图像 Region：（输出）区域 MinGray：（输入）最小灰度值 MaxGray：（输入）最大灰度值 MinSize：（输入）区域的最小尺寸	根据输入的参数（MinGray，MaxGray，MinSize）从图像（Image）中提取区域
fft_generic(Image : ImageFFT : Direction, Exponent, Norm, Mode, ResultType :)	Image：（输入）图像 ImageFFT：（输出）变换后图像 Direction：（输入）变换方向 Exponent：（输入）指数 Norm：（输入）归一化系统 Mode：（输入）直流项在频域中的位置 ResultType：（输入）变换后的图像类型	对输入图像 Image 进行傅里叶变换或反变换
fft_image(Image : ImageFFT : :)	Image：（输入）时域图像 ImageFFT：（输出）频域图像	对输入时域图像（Image）进行快速傅里叶变换
fft_image_inv(Image : ImageFFTInv : :)	Image：（输入）频域图像 ImageFFTInv：（输出）时域图像	对输入频域图像（Image）进行快速傅里叶反变换
fill_up(Region : RegionFillUp : :)	Region：（输入）区域 RegionFillUp：（输出）填充后的区域	对区域（Region）中的孔洞进行填充
fill_up_shape(Region : RegionFillUp : Feature, Min, Max :)	Region：（输入）区域 RegionFillUp：（输出）填充后的区域 Feature：（输入）图像特征 Min, Max：（输入）特征值域范围	对区域（Region）中的孔洞，按输入的特征值域范围进行填充
find_aniso_shape_model(Image : : ModelID, AngleStart, AngleExtent, ScaleRMin, ScaleRMax, ScaleCMin, ScaleCMax, MinScore, NumMatches, MaxOverlap, SubPixel, NumLevels, Greediness : Row, Column, Angle, ScaleR, ScaleC, Score)	Image：（输入）图像 ModelID：（输入）模板 ID AngleStart：（输入）最小旋转角度 AngleExtent：（输入）旋转角度范围 ScaleRMin，ScaleRMax，ScaleCMin，ScaleCMax：（输入）行、列方向最小及最大伸缩比例 MinScore：（输入）最小分数	根据已建立的模板（ModelID）在图像（Image）中进行匹配

（续）

算子	主要参数	功能说明
find_aniso_shape_model(Image : : ModelID, AngleStart, AngleExtent, ScaleRMin, ScaleRMax, ScaleCMin, ScaleCMax, MinScore, NumMatches, MaxOverlap, SubPixel, NumLevels, Greediness : Row, Column, Angle, ScaleR, ScaleC, Score)	NumMatches：（输入）匹配数量 MaxOverlap：（输入）最大覆盖比例 SubPixel：（输入）亚像素精度 NumLevels：（输入）金字塔层数 Greediness：（输入）搜索方式 Row，Column：（输出）匹配到的区域坐标 Angle：（输出）匹配到的角度 ScaleR，ScaleC：（输出）行、列方向伸缩比例 Score：（输出）匹配得分	根据已建立的模板（ModelID）在图像（Image）中进行匹配
find_bar_code(Image : Symbol-Regions : BarCodeHandle, CodeT-ype : DecodedDataStrings)	Image：（输入）灰度图像 SymbolRegions：（输出）条码区域 BarCodeHandle：（输入）条码模板句柄 CodeType：（输入）条码类型 DecodedDataStrings：（输出）条码中的内容	搜索灰度图像（Image）中的条码并读取内容
find_calib_object(Image : : Cali-bDataID, CameraIdx, CalibObjIdx, CalibObjPoseIdx, GenParamName, GenParamValue :)	Image：（输入）图像 CalibDataID：（输入）标定数据模型句柄 CameraIdx：（输入）相机索引 CalibObjIdx：（输入）标定目标索引 CalibObjPoseIdx：（输入）观测到的标定目标索引 GenParamName：（输入）要设置的参数名称 GenParamValue：（输入）设置的参数值	在图像（Image）中找到标定板，并在标定板数据模型（CalibDataID）中设置提取的点和轮廓
find_caltab(Image : CalPlate : C-alPlateDescr, SizeGauss, MarkThr-esh, MinDiamMarks :)	Image：（输入）图像 CalPlate：（输出）标定板区域 CalPlateDescr：（输入）标定板描述文件 SizeGauss：（输入）高斯滤波器尺寸大小 MarkThresh：（输入）标识点阈值 MinDiamMarks：（输入）标识点最小尺寸	在图像（Image）中分割标准校准板区域
find_data_code_2d(Image : Sy-mbolXLDs : DataCodeHandle, Ge-nParamNames, GenParamValues : ResultHandles, DecodedDataStrings)	Image：（输入）图像 SymbolXLDs：（输出）条码 XLD 轮廓 DataCodeHandle：（输入）条码数据模型 GenParamNames：（输入）参数名称 GenParamValues：（输入）参数值 ResultHandles：（输出）成功解码条码名柄 DecodedDataStrings：（输出）成功解码条码内容	搜索灰度图像（Image）中的条码并读取内容
find_marks_and_pose(Image, CalPlateRegion : : CalPlateDescr, StartCamParam, StartThresh, Delt-aThresh, MinThresh, Alpha, Min-ContLength, MaxDiamMarks : RC-oord, CCoord, StartPose)	Image：（输入）图像 CalPlateRegion：（输入）标定板区域 CalPlateDescr：（输入）标定板描述文件 StartCamParam：（输入）相机内参的初始值 StartThresh：（输入）轮廓检测初始阈值 DeltaThresh：（输入）连续减少 StartThresh 的循环值 MinThresh：（输入）轮廓检测最小阈值 Alpha：（输入）边缘检测滤波器参数 MinContLength：（输入）标志点最短长度 MaxDiamMarks：（输入）标志点最大半径 Rcoord，Ccoord：（输出）标志点行、列坐标集合 StartPose：（输出）相机外参数估计	从图像（Image）中提取标志点并计算相机的初始外参数

（续）

算子	主要参数	功能说明
find_ncc_model(Image : : ModelID, AngleStart, AngleExtent, MinScore, NumMatches, MaxOverlap, SubPixel, NumLevels : Row, Column, Angle, Score)	Image：（输入）图像 ModelID：（输入）模板 ID AngleStart：（输入）最小旋转角度 AngleExtent：（输入）旋转角度范围 MinScore：（输入）最小分数 NumMatches：（输入）匹配数量 MaxOverlap：（输入）最大覆盖比例 SubPixel：（输入）亚像素精度 NumLevels：（输入）金字塔层数 Row，Column：（输出）匹配到的区域坐标 Angle：（输出）匹配到的角度 Score：（输出）匹配得分	根据已建立的 NCC 模板（ModelID）在图像（Image）中进行匹配
find_scaled_shape_model(Image: : ModelID, AngleStart, AngleExtent, ScaleMin, ScaleMax, MinScore, NumMatches, MaxOverlap, SubPixel, NumLevels, Greediness : Row, Column, Angle, Scale, Score)	参考算子 find_aniso_shape_model	根据已建立的尺寸不变性模板（ModelID）在图像（Image）中进行匹配
find_shape_model(Image : : ModelID, AngleStart, AngleExtent, MinScore, NumMatches, MaxOverlap, SubPixel, NumLevels, Greediness : Row, Column, Angle, Score)	参考算子 find_aniso_shape_model	根据已建立的形状模板（ModelID）在图像（Image）中进行匹配
fit_circle_contour_xld(Contours : : Algorithm, MaxNumPoints, MaxClosureDist, ClippingEndPoints, Iterations, ClippingFactor : Row, Column, Radius, StartPhi, EndPhi, PointOrder)	Contours：（输入）曲线轮廓 Algorithm：（输入）拟合算法选择 MaxNumPoints：（输入）最大轮廓点数量 MaxClosureDist：（输入）闭合轮廓的端点之间最大间距 ClippingEndPoints：（输入）被忽略的开始点和末尾点数量 Iterations：（输入）迭代次数 ClippingFactor：（输入）异常值去除参数 Row，Column：（输出）拟合圆的圆心坐标 Radius：（输出）拟合圆的半径 StartPhi, EndPhi：（输出）开始点和结束点角度 PointOrder：（输出）边界点的顺序	根据曲线轮廓（Contours）拟合圆
fit_ellipse_contour_xld(Contours : : Algorithm, MaxNumPoints, MaxClosureDist, ClippingEndPoints, VossTabSize, Iterations, Clipping- Factor : Row, Column, Phi, Radius1, Radius2, StartPhi, EndPhi, PointOrder)	Row, Column：（输出）椭圆中心坐标 Phi：（输出）椭圆主轴角度 Radius1，Radius2：（输出）椭圆的长、短轴 （其他参数参考算子 fit_circle_contour_xld）	根据曲线轮廓（Contours）拟合椭圆
fit_line_contour_xld(Contours : : Algorithm, MaxNumPoints, ClippingEndPoints, Iterations, ClippingFactor : RowBegin, ColBegin, RowEnd, ColEnd, Nr, Nc, Dist)	RowBegin, ColBegin：（输出）直线起点坐标 RowEnd, ColEnd：（输出）直线终点坐标 Nr，Nc：（输出）直线法向量行列坐标 Dist：（输出）直线与原点的距离 （其他参数参考算子 fit_circle_contour_xld）	根据曲线轮廓（Contours）拟合直线
fit_rectangle2_contour_xld(Contours : : Algorithm, MaxNumPoints, MaxClosureDist, ClippingEndPoints, Iterations, ClippingFactor : Row, Column, Phi, Length1, Length2, PointOrder)	Row，Column：（输出）矩形中心坐标 Phi：（输出）矩形主轴角度 Length1：（输出）矩形长的一半 Length2：（输出）矩形宽的一半	根据曲线轮廓（Contours）拟合出矩形
full_domain(Image : ImageFull : :)	Image：（输入）图像 ImageFull：（输出）具有最大定义域的图像	将图像的域（ROI）扩大到最大
fuzzy_perimeter(Regions, Image : : Apar, Cpar : Perimeter)	Regions：（输入）区域 Image：（输入）图像 Apar, Cpar：（输入）模糊函数的左、右邻域 Perimeter：（输出）周长	在图像（Image）中计算区域（Regions）的模糊周长
gauss_distribution(: : Sigma : Distribution)	Sigma：（输入）高斯分布的标准差 Distribution：（输出）高斯分布噪声	按输入的高斯分布的标准差（Sigma）产生高斯分布噪声

（续）

算子	主要参数	功能说明
gauss_filter(Image : ImageGauss : Size :)	Image：（输入）图像 ImageGauss：（输出）平滑后的图像 Size：（输入）高斯滤波器的尺寸	对输入图像（Image）用高斯函数进行滤波
gen_arrow_contour_xld(: Arrow : Row1, Column1, Row2, Column2, HeadLength, HeadWidth :)	Arrow：（输出）箭头的 XLD 曲线 Row1，Column1：（输入）起点坐标 Row2，Column2：（输入）终点坐标 HeadLength，HeadWidth：（输入）箭头的长和宽	根据输入的参数，生成箭头的 XLD 曲线
gen_caltab(: : XNum, YNum, MarkDist, DiameterRatio, CalPlateDescr, CalPlatePSFile :)	Xnum，Ynum：（输入）标志点的行列数量 MarkDist：（输入）标志点间的距离 DiameterRatio：（输入）标志点直径与距离的比例 CalPlateDescr：（输入）标定板描述文件 CalPlatePSFile：（输入）PostScript 文件	生成带有矩形排列标记的校准板，并生成校准板描述文件和相应的 PostScript 文件
gen_circle(: Circle : Row, Column, Radius :)	Circle：（输出）圆的图像 Row，Column：（输入）圆心坐标 Radius：（输入）圆的半径	生成圆
gen_circle_contour_xld(: ContCircle : Row, Column, Radius, StartPhi, EndPhi, PointOrder, Resolution :)	ContCircle：（输出）圆或圆弧的 XLD 曲线 Row，Column：（输入）圆心坐标 Radius：（输入）圆的半径 StartPhi，EndPhi：（输入）圆弧的夹角 PointOrder：（输入）XLD 曲线的方向 Resolution：（输入）曲线上相邻点的间距	生成圆或圆弧 XLD 曲线
gen_contour_polygon_xld(: Contour : Row, Col :)	Contour：（输入）多边形 XLD 曲线 Row，Col：（输入）行、列坐标集合	根据输入的行、列坐标集合，生成多边形曲线
gen_contour_region_xld(Regions : Contours : Mode :)	Regions：（输入）区域 Contours：（输出）XLD 曲线 Mode：（输入）生成模式	根据输入的区域（Regions），生成 XLD 曲线
gen_contours_skeleton_xld(Skeleton : Contours : Length, Mode :)	Skeleton：（输入）骨架区域 Contours：（输出）骨架的 XLD 曲线 Length：（输入）最小曲线长度 Mode：（输入）曲线选择模式	根据输入的骨架区域，生成 XLD 曲线
gen_cross_contour_xld(: Cross : Row, Col, Size, Angle :)	Cross：（输出）十字形 XLD 曲线 Row，Col：（输入）点的坐标 Size：（输入）十字形的边长 Angle：（输入）十字形的角度	为每个输入点生成一个十字形状的 XLD 曲线
gen_disc_se(: SE : Type, Width, Height, Smax :)	SE：（输出）结构单元 Type：（输入）像素数据类型 Width，Height：（输入）结构单元的宽与高 Smax：（输入）最大灰度值	生成用于灰度形态学的椭圆形结构单元
gen_ellipse(: Ellipse : Row, Column, Phi, Radius1, Radius2 :)	Ellipse：（输出）椭圆区域 Row，Column：：（输入）椭圆的中心点坐标 Phi：（输入）长轴的角度 Radius1，Radius2：（输入）椭圆的长、短轴	生成椭圆形区域
gen_ellipse_contour_xld(: ContEllipse : Row, Column, Phi, Radius1, Radius2, StartPhi, EndPhi, PointOrder, Resolution :)	ContEllipse：（输出）椭圆区域 XLD 曲线 StartPhi：（输入）最小外接圆起点的角度 EndPhi：（输入）最小外接圆终点的角度 PointOrder：（输入）点的顺序 Resolution：（输入）点间距 （其他参数参考算子 gen_ellipse）	生成椭圆 XLD 曲线
gen_empty_region(: EmptyRegion : :)	EmptyRegion：（输出）空区域	生成空区域
gen_empty_obj(: EmptyObject : :)	EmptyObject：（输出）空元组	生成空元组
gen_filter_mask(: ImageFilter : FilterMask, Scale, Width, Height :)	ImageFilter：（输出）掩码图像 FilterMask：（输出）掩码类型 Scale：（输入）比例因子 Width，Height：滤波器的宽和高	将滤波器掩码保存为图像

（续）

算子	主要参数	功能说明
gen_gabor(: ImageFilter : Angle, Frequency, Bandwidth, Orientation, Norm, Mode, Width, Height :)	ImageFilter：（输出）Gabor 和 Hilbert 滤波器图像 Angle：（输入）角度范围 Frequency：（输入）滤波器中心到直流项的距离 Bandwidth：（输入）带度范围 Orientation：（输入）主方位角 Norm：（输入）滤波器归一化因子 Mode：（输入）直流项在频谱中的位置 Width，Height：（输入）图像的宽和高	构造 Gabor 滤波器
gen_gauss_filter(: ImageGauss : Sigma1, Sigma2, Phi, Norm, Mode, Width, Height :)	ImageGauss：（输出）高斯滤波器频域图像 Sigma1：（输入）滤波器空间域主方向上高斯分布的标准差 Sigma2：（输入）垂直于滤波器空间域主方向上高斯分布的标准差 Phi：（输入）滤波器空间域主方向 （其他参数参考算子 gen_gabor）	构造频域高斯滤波器
gen_grid_region(: RegionGrid : RowSteps, ColumnSteps, Type, Width, Height :)	RegionGrid：（输出）网格区域 RowSteps，ColumnSteps：（输入）行、列方向的格子宽度 Type：输出类型（线或点） Width，Height：区域的宽和高	生成网络区域
gen_image_const(: Image : Type, Width, Height :)	Image：（输出）灰度图像 Type：（输入）像素类型 Width，Height：图像宽和高	创建灰度图像
gen_image_gray_ramp(: ImageGrayRamp : Alpha, Beta, Mean, Row, Column, Width, Height :)	ImageGrayRamp：（输出）渐变灰度图像 Alpha，Beta：（输入）行、列渐变梯度 Mean：（输入）平均灰度值 Row，Column：（输入）参考点的行列坐标 Width，Height：（输入）图像的宽和高	创建渐变灰度图像
gen_image_proto(Image : ImageCleared : Grayval :)	Image：（输入）灰度图像 ImageCleared：（输出）单一值的灰度图像 Grayval：（输入）灰度值	生成单一灰度值（Grayval）的灰度图像
gen_highpass(: ImageHighpass : Frequency, Norm, Mode, Width, Height :)	ImageHighpass：（输出）高通滤波器的频域图 Frequency：（输入）截断频率 （其他参数参考算子 gen_gabor）	生成理想高通滤波器
gen_lowpass(: ImageLowpass : Frequency, Norm, Mode, Width, Height :)	ImageLowpass：（输出）低通滤波器的频域图 Frequency：（输入）截断频率 （其他参数参考算子 gen_gabor）	生成理想低通滤波器
gen_measure_arc(: : CenterRow, CenterCol, Radius, AngleStart, AngleExtent, AnnulusRadius, Width, Height, Interpolation : MeasureHandle)	CenterRow, CenterCol：（输入）圆弧中心点坐标 Radius：（输入）圆弧的半径 AngleStart, AngleExtent：（输入）圆弧的起点角度和终点角度 AnnulusRadius：（输入）圆弧的环空半径 Width, Height：（输入）待处理图像的宽高 Interpolation：（输入）差值类型 MeasureHandle：（输出）测量对象句柄	输入圆弧参数，生成圆形测量对象
gen_measure_rectangle2(: : Row, Column, Phi, Length1, Length2, Width, Height, Interpolation : MeasureHandle)	Row, Column：（输入）矩形中心坐标 Phi：（输入）矩形的纵轴与坐标水平方向的夹角 Length1：（输入）矩形长度的一半 Length2：（输入）矩形宽度的一半 （其他参数参考算子 gen_measure_arc）	输入矩形参数，生成矩形测量对象
gen_polygons_xld(Contours : Polygons : Type, Alpha :)	Contours：（输入）曲线 Polygons：（输出）多边形 Type：（输入）算法类型 Alpha：（输入）阈值	输入曲线（Contours），生成近似的多边形（Polygons）
gen_rectangle1(: Rectangle : Row1, Column1, Row2, Column2 :)	Rectangle：（输出）矩形区域 Row1，Column1：（输入）左上角坐标 Row2，Column2：（输入）右下角坐标	生成矩形区域

（续）

算子	主要参数	功能说明
gen_rectangle2(: Rectangle : Row, Column, Phi, Length1, Length2 :)	Rectangle：（输出）矩形区域 Row，Column：（输入）左上角坐标 Phi：（输入）矩形的纵轴与坐标水平方向的夹角 Length1，Length2：（输入）右下角坐标	生成有倾斜角度（Phi）的矩形区域
gen_rectangle2_contour_xld(: Rectangle : Row, Column, Phi, Length1, Length2 :)	Rectangle：（输出）矩形 XLD 曲线 （其他参数参考算子 gen_rectangle2）	生成矩形的 XLD 曲线
gen_region_contour_xld(Contour : Region : Mode :)	Contour：（输入）XLD 曲线 Region：（输出）区域 Mode：（输入）区域填充方式	根据 XLD 曲线（Contour）生成区域（Region）
gen_region_histo(: Region : Histogram, Row, Column, Scale :)	Region：（输出）直方图区域 Histogram：（输入）直方图 Row，Column：（输入）直方图中心坐标 Scale：（输入）缩放比例	根据直方图（Histogram）生成直方图区域（Region）
gen_region_hline(: Regions : Orientation, Distance :)	Regions：（输出）直线区域 Orientation：（输入）法向量方向 Distance：（输入）直线到原点的距离	根据霍夫变换提取直线参数，生成直线区域
gen_region_line(: RegionLines : BeginRow, BeginCol, EndRow, EndCol :)	RegionLines：（输出）直线区域 BeginRow，BeginCol：（输入）直线起点坐标 EndRow，EndCol：（输入）直线终点坐标	生成直线区域
gen_region_points(: Region : Rows, Columns :)	Region：（输出）区域 Rows，Columns：（输入）坐标点集合	根据坐标点集合（Rows，Columns），生成区域
gen_region_polygon(: Region : Rows, Columns :)	Region：（输出）多边形区域 Rows，Columns：（输入）区域轮廓基点行、列坐标	根据输入的区域轮廓基点坐标（Rows，Columns）生成多边形区域
gen_sin_bandpass(: ImageFilter : Frequency, Norm, Mode, Width, Height :)	ImageFilter：（输出）正弦滤波器 （其他参数参考算子 gen_highpass）	生成正弦滤波器
get_calib_data(: : CalibDataID, ItemType, ItemIdx, DataName : DataValue)	CalibDataID：（输入）标定数据模型句柄 ItemType：（输入）标定数据项类型 ItemIdx：（输入）标定数据项索引 DataName：（输入）数据名称 DataValue：（输出）数据值	从标定数据模型中读取数据
get_calib_data_observ_contours(: Contours : CalibDataID, ContourName, CameraIdx, CalibObjIdx, CalibObjPoseIdx :)	Contours：（输出）基于轮廓的 XLD 数据 CalibDataID：（输入）标定数据模型句柄 ContourName：（输入）轮廓对象名称 CameraIdx：（输入）相机索引 CalibObjIdx：（输入）标定目标索引 CalibObjPoseIdx：（输入）标定目标位姿索引	从标定数据模型（CalibDataID）中读取基于轮廓的 XLD 数据
get_calib_data_observ_points(: : CalibDataID, CameraIdx, CalibObjIdx, CalibObjPoseIdx : Row, Column, Index, Pose)	Row，Column：（输出）点的坐标集合 Index：（输出）点在数据集中的索引值 Pose：（输出）粗略估计被观测定标物体相对于观测相机的姿态 （其他参数参考算子 get_calib_data_observ_contours）	从校准数据模型（CalibDataID）中获取基于点的观测数据
get_calib_data_observ_pose(: : CalibDataID, CameraIdx, CalibObjIdx, CalibObjPoseIdx : ObjInCameraPose)	ObjInCameraPose：（输出）数据集中数据相对于相机的位姿 （其他参数参考算子 get_calib_data_observ_contours）	从校准数据模型（CalibDataID）中获取数据相对于相机的位姿
get_contour_attrib_xld(Contour : : Name : Attrib)	Contour：（输入）XLD 曲线 Name：（输入）属性名 Attrib：（输出）属性值	返回 XLD 曲线的属性
get_contour_xld(Contour : : : Row, Col)	Contour：（输入）XLD 曲线 Row，Col：（输出）点的坐标集合	返回 XLD 曲线（Contour）上点的坐标集合
get_current_dir(: : : DirName)	DirName：（输出）目录名	返回当前目录
get_domain(Image : Domain : :)	Image：（输入）图像 Domain：（输出）区域	把输入的图像转换为区域

（续）

算子	主要参数	功能说明
get_grayval(Image : : Row, Column : Grayval)	Image：（输入）灰度图像 Row，Column：（输入）像素点的坐标 Grayval：（输出）灰度值	返回灰度图像（Image）上点（Row，Column）的灰度值
get_line_of_sight(: : Row, Column, CameraParam : PX, PY, PZ, QX, QY, QZ)	Row，Column：（输入）点坐标 CameraParam：（输入）相机的内部参数 PX，PY，PZ：（输出）相机坐标系中视线第一点的 X、Y、Z 坐标 QX，QY，QZ：（输出）相机坐标系中视线第二点的 X、Y、Z 坐标	计算相应于图像中一个点在相机坐标系中的视线
get_image_pointer1(Image : : : Pointer, Type, Width, Height)	Image：（输入）图像 Pointer：（输出）图像指针 Type：（输入）图像类型 Width，Height：（输入）图像的宽和高	返回图像（Image）的指针
get_image_size(Image : : : Width, Height)	Image：（输入）图像 Width，Height：（输出）图像的宽和高	返回图像（Image）的宽和高
get_mbutton(: : WindowHandle : Row, Column, Button)	WindowHandle：（输入）窗口句柄 Row，Column：（输出）光标坐标 Button：（输出）光标按钮	返回窗口上光标的位置和按钮当前状态
get_region_points(Region : : : Rows, Columns)	Region：（输入）区域 Rows，Columns：（输出）点的坐标集合	返回区域（Region）内所有点的坐标集合
get_regress_params_xld(Contours : : : Length, Nx, Ny, Dist, Fpx, Fpy, Lpx, Lpy, Mean, Deviation)	Contours：（输入）XLD 曲线 Length：（输出）曲线上像素数量 Nx，Ny：（输出）回归线法向量的坐标 Dist：（输出）回归线到原点的距离 Fpx，Fpy：（输出）曲线起始点垂直投影到回归线上的坐标 Lpx，Lpy：（输出）曲线终点垂直投影到回归线上的坐标 Mean：（输出）曲线上的点与回归线的平均距离 Deviation：（输出）曲线上的点与回归线的距离的标准差	返回 XLD 曲线的参数
get_shape_model_contours(: ModelContours : ModelID, Level :)	ModelContours：（输出）形状模型轮廓曲线 ModelID：（输入）模型的句柄 Level：（输入）金字塔层数	返回形状模型（ModelID）的轮廓
get_text_object(: Characters : TextResultID, ResultName :)	Characters：（输出）字符集 TextResultID：（输入）文本分割结果 ResultName：（输入）结果名称	返回文本分割后得到的字符集
get_text_result(: : TextResultID, ResultName : ResultValue)	ResultValue：（输出）结果类型值 （其他参数参考算子 get_text_object）	返回文本分割结果类型的值
get_variation_model(: Image, VarImage : ModelID :)	Image：（输出）已训练图像 VarImage：（输出）变化图像 ModelID：（输入）变化模板 ID 号	通过变化模板（ModelID）返回用于图像比较的图像
gray_bothat(Image, SE : ImageBotHat : :)	Image：（输入）灰度图像 SE：（输入）结构单元 ImageBotHat：（输出）底帽变换后的图像	对灰度图像（Image）做底帽变换
gray_closing(Image, SE : ImageClosing : :)	Image：（输入）灰度图像 SE：（输入）结构单元 ImageClosing：（输出）闭运算后的图像	对灰度图像（Image）做闭运算
gray_closing_rect(Image : ImageClosing : MaskHeight, MaskWidth :)	Image：（输入）灰度图像 ImageClosing：（输出）闭运算后的图像 MaskHeight，MaskWidth：（输入）掩码的高和宽	对灰度图像（Image）以矩形为结构单元做闭运算
gray_closing_shape(Image : ImageClosing : MaskHeight, MaskWidth, MaskShape :)	MaskShape：（输入）掩码的形状 （其他参数参考算子 gray_closing_rect）	对灰度图像（Image）以特定形状（MaskShape）的结构单元做闭运算
gray_dilation(Image, SE : ImageDilation : :)	Image：（输入）灰度图像 SE：（输入）结构单元 ImageDilation：（输出）膨胀后的图像	对灰度图像（Image）以结构单元（SE）做膨胀运算

（续）

算子	主要参数	功能说明
gray_dilation_rect(Image : ImageMax : MaskHeight, MaskWidth :)	Image：（输入）灰度图像 ImageClosing：（输出）膨胀运算后的图像 MaskHeight，MaskWidth：（输入）掩码的高和宽	对灰度图像（Image）以矩形为结构单元做膨胀运算
gray_dilation_shape(Image : ImageMax : MaskHeight, MaskWidth, MaskShape :)	ImageMax：（输出）膨胀运算后的图像 MaskShape：（输入）掩码的形状 （其他参数参考算子 gray_dilation_rect）	对灰度图像（Image）以特定形状（MaskShape）的结构单元做膨胀运算
gray_erosion(Image, SE : ImageErosion : :)	Image：（输入）灰度图像 SE：（输入）结构单元 ImageErosion：（输出）腐蚀后的图像	对灰度图像（Image）以结构单元（SE）做腐蚀运算
gray_erosion_rect(Image : ImageMin : MaskHeight, MaskWidth :)	Image：（输入）灰度图像 ImageMin：（输出）腐蚀运算后的图像 MaskHeight，MaskWidth：（输入）掩码的高和宽	对灰度图像（Image）以矩形为结构单元做腐蚀运算
gray_erosion_shape(Image : ImageMin : MaskHeight, MaskWidth, MaskShape :)	MaskShape：（输入）掩码的形状 （其他参数参考算子 gray_erosion_rect）	对灰度图像（Image）以特定形状（MaskShape）的结构单元做腐蚀运算
gray_histo(Regions, Image : : : AbsoluteHisto, RelativeHisto)	Regions：（输入）区域 Image：（输入）灰度图像 AbsoluteHisto：（输出）灰度值绝对频率 RelativeHisto：（输出）灰度值相对频率	计算区域（Regions）像素灰度值的频率
gray_histo_abs(Regions, Image : : Quantization : AbsoluteHisto)	Regions：（输入）区域 Image：（输入）灰度图像 Quantization：（输入）灰度值的量化系数 AbsoluteHisto：（输出）灰度值绝对频率	计算区域（Regions）像素灰度值绝对频率
gray_opening_rect(Image : ImageOpening : MaskHeight, MaskWidth :)	Image：（输入）灰度图像 ImageClosing：（输出）开运算后的图像 MaskHeight，MaskWidth：（输入）掩码的高和宽	对灰度图像（Image）以矩形为结构单元做开运算
gray_range_rect(Image : ImageResult : MaskHeight, MaskWidth :)	Image：（输入）灰度图像 ImageResult：（输出）包含灰度范围值 MaskHeight，MaskWidth：（输入）掩码的高和宽	确定矩形掩码内的灰度范围
gray_tophat(Image, SE : ImageTopHat : :)	Image：（输入）灰度图像 SE：（输入）结构单元 ImageBotHat：（输出）顶帽变换后的图像	对灰度图像（Image）作顶帽变换
highpass_image(Image : Highpass : Width, Height :)	Image：（输入）图像 Highpass：（输出）高通滤波后和图像 Width，Height：（输入）掩码的宽和高	对图像（Image）进行高通滤波
histo_to_thresh(: : Histogramm, Sigma : MinThresh, MaxThresh)	Histogramm：（输入）直方图 Sigma：（输入）直方图高斯平滑系数 MinThresh，MaxThresh：（输出）最小、最大阈值	根据直方图（Histogramm）确定阈值
hit_or_miss(Region, StructElement1, StructElement2 : RegionHitMiss : Row, Column :)	Region：（输入）区域 StructElement1：（输入）区域腐蚀的掩码 StructElement2：（输入）区域补集腐蚀掩码 RegionHitMiss：（输出）击中不击中结果 Row，Column：（输入）参考点坐标	击中击不中操作
hom_mat2d_identity(: : : HomMat2DIdentity)	HomMat2Didentity：（输出）齐次变换矩阵	生成二维变换的齐次变换矩阵
hom_mat2d_invert(: : HomMat2D : HomMat2DInvert)	HomMat2D：（输入）变换矩阵 HomMat2Dinvert：（输出）矩阵逆变换	生成输入矩阵（HomMat2D）的逆变换
hom_mat2d_rotate(: : HomMat2D, Phi, Px, Py : HomMat2DRotate)	HomMat2D：（输入）变换矩阵 Phi：（输入）旋转角度 Px，Py：（输入）变换固定点坐标 HomMat2Drotate：（输出）旋转后的矩阵	将变换矩阵（HomMat2D）旋转角度（Phi）后输出
hom_mat2d_scale(: : HomMat2D, Sx, Sy, Px, Py : HomMat2DScale)	HomMat2D：（输入）变换矩阵 Sx，Sy：（输入）X 和 Y 轴方向的变换比例 Px，Py：（输入）变换固定点坐标 HomMat2Dscale：输出）伸缩变换后的矩阵	将变换矩阵（HomMat2D）以比例（Sx，Sy）伸缩后输出

（续）

算子	主要参数	功能说明
hom_mat2d_translate(: : Hom-Mat2D, Tx, Ty : HomMat2DTr-anslate)	HomMat2D：（输入）变换矩阵 Tx，Ty：（输入）X 和 Y 方向的位移 HomMat2Dtranslate：（输出）位移后的矩阵	将变换矩阵（HomMat2D）沿 X 轴和 Y 轴方向位移（Tx，Ty）后输出
hom_vector_to_proj_hom_mat2-d(: : Px, Py, Pw, Qx, Qy, Qw, Method : HomMat2D)	Px，Py：（输入）原图上点坐标集合 Pw：（输入）原图上点 w 方向坐标（通常为 1） Qx，Qy：（输入）变换后点坐标集合 Qw：（输入）变换后图上点 w 方向坐标（通常为 1） Method：（输入）变换方法 HomMat2D：（输出）变换后的矩阵	根据点的对应关系计算变换后的矩阵
hough_lines(RegionIn : : AngleR-esolution, Threshold, AngleGap, DistGap : Angle, Dist)	RegionIn：（输入）区域 AngleResolution：（输入）调整角度分辨率 Threshold：（输入）图像中的阈值 AngleGap：（输入）最小角度 DistGap：（输入）最小距离 Angle：（输出）线段法向量角度 Dist：（输出）线段距原点距离	在区域（RegionIn）中查找出线段
inner_circle(Regions : : : Row, Column, Radius)	Regions：（输入）区域 Row，Column：（输出）圆心坐标 Radius：（输出）圆的半径	在区域（Regions）中查找出最大内切圆
inner_rectangle1(Regions : : : Ro-w1, Column1, Row2, Column2)	Regions：（输入）区域 Row1，Column1：（输出）矩形左上角坐标 Row2，Column2：（输出）矩形右下角坐标	在区域（Regions）中查找最大内接矩形
inspect_shape_model(Image : Mo-delImages, ModelRegions : Num-Levels, Contrast :)	Image：（输入）图像 ModelImages：（输出）金字塔图像 ModelRegions：（输出）金字塔区域图像 NumLevels：（输入）金字塔层数 Contrast：（输入）可显示对象的最小尺寸	按输入的金字塔层数（NumLevels）显示出对应的形态模型
intersection(Region1, Region2 : RegionIntersection : :)	Region1：（输入）区域 1 Region2：（输入）区域 2 RegionIntersection：（输出）交集区域	计算区域 1 和区域 2 的交集
intensity(Regions, Image : : : Me-an, Deviation)	Regions：（输入）区域 Image：（输入）图像 Mean：（输出）均值 Deviation：（输出）方差	计算图像（Image）中区域（Regions）内像素灰度值的均值和方差
invert_image(Image : ImageInvert : :)	Image：（输入）图像 ImageInvert：（输出）反色图像	计算图像（Image）的反色图像
junctions_skeleton(Region : End-Points, JuncPoints : :)	Region：（输入）骨架区域 EndPoints：（输出）端点区域 JuncPoints：：（输出）连接点区域	返回骨架区域（Region）中的端点区域和连接点区域
kirsch_amp(Image : ImageEdge-Amp : :)	Image：（输入）图像 ImageEdgeAmp：（输出）边缘振幅图像	用 kirsch 算子对图像（Image）进行边缘检测
laplace(Image : ImageLaplace : ResultType, MaskSize, FilterMask :)	Image：（输入）图像 ImageLaplace：（输出）Laplace 变换后的图像 ResultType：（输入）输出图像类型 MaskSize：（输入）掩码尺寸 FilterMask：（输入）掩码类型	用有限差分法计算拉普拉斯算子
laplace_of_gauss(Image : Image-Laplace : Sigma :)	Image：（输入）图像 ImageLaplace：（输出）高斯-拉普拉斯变换后的图像 Sigma：（输入）高斯函数的平滑参数	计算经高斯-拉普拉斯算子处理后的图像
length_xld(XLD : : : Length)	XLD：（输入）XLD 曲线 Length：（输出）长度	计算 XLD 曲线（XLD）的长度
line_orientation(: : RowBegin, ColBegin, RowEnd, ColEnd : Phi)	RowBegin，ColBegin：（输入）线段的起点坐标 RowEnd，ColEnd：（输入）线段的终点坐标 Phi：（输出）线段的角度	计算线段的角度
line_position(: : RowBegin, Col-Begin, RowEnd, ColEnd : RowCen-ter, ColCenter, Length, Phi)	RowCenter，ColCenter：（输出）线段中点坐标 Length：（输出）线段长度 （其他参数参考算子 line_orientation）	计算线段的长度、角度和中点坐标

（续）

算子	主要参数	功能说明
lines_gauss(Image : Lines : Sigma, Low, High, LightDark, ExtractWidth, LineModel, CompleteJunctions :)	Image：（输入）图像 Lines：（输出）提取的直线 Sigma：（输入）高斯函数的平滑参数 Low，High：（输入）滞后阈值的下限和上限 LightDark：（输入）提取黑线或白线 ExtractWidth：（输入）是否提取线宽 LineModel：（输入）线段类型 CompleteJunctions：（输入）是否添加连接点	从图像（Image）中提取线以及线宽
local_max(Image : LocalMaxima : :)	Image：（输入）灰度图像 LocalMaxima：（输出）邻域最大值构成的区域	在灰度图像（Image）中查找邻域内最大的像素点
log_image(Image : LogImage : Base :)	Image：（输入）图像 LogImage：（输出）对数图像 Base：（输入）对数的底	返回图像（Image）的对数图像
mean_image(Image : ImageMean : MaskWidth, MaskHeight :)	Image：（输入）图像 ImageMean：（输出）均值滤波后的图像 MaskWidth，MaskHeight：（输入）掩码的宽和高	对图像（Image）进行均值滤波
mean_n(Image : ImageMean : :)	Image：（输入）多通道图像 ImageMean：（输出）平均图像	对多通道图像（Image）的各个通道的像素进行平均
measure_pairs(Image : : MeasureHandle, Sigma, Threshold, Transition, Select : RowEdgeFirst, ColumnEdgeFirst, AmplitudeFirst, RowEdgeSecond, ColumnEdgeSecond, AmplitudeSecond, IntraDistance, InterDistance)	Image：（输入）图像 MeasureHandle：（输入）测量句柄 Sigma：（输入）高斯函数的平滑参数 Threshold：（输入）最小边缘幅度 Transition：（输入）边缘分组类型 Select：（输入）边缘对的选择方式 RowEdgeFirs，ColumnEdgeFirst：（输出）第一条边中心行、列坐标 AmplitudeFirst：（输出）第一条边的幅度 RowEdgeSecond，ColumnEdgeSecond：（输出）第二条边中心行、列坐标 AmplitudeSecond：（输出）第二条边的幅度 IntraDistance：（输出）边缘对之间的距离 InterDistance：（输出）连续边缘对之间的距离	从图像（Image）中提取垂直于矩形或环形弧的边缘对
measure_pos(Image : : MeasureHandle, Sigma, Threshold, Transition, Select : RowEdge, ColumnEdge, Amplitude, Distance)	RowEdge：ColumnEdge：（输出）边的中心行、列坐标 Amplitude：（输出）边缘的幅度 Distance：（输出）连续边缘之间的距离	从图像（Image）中提取垂直于矩形或环形弧的直线
median_image(Image : ImageMedian : MaskType, Radius, Margin :)	Image：（输入）图像 ImageMedian：（输出）中值滤波后的图像 MaskType：（输入）掩码类型 Radius：（输入）掩码半径 Margin：（输入）边界处理方法	对图像（Image）进行中值滤波
min_max_gray(Regions, Image : : Percent : Min, Max, Range)	Regions：（输入）区域 Image：（输入）图像 Percent：（输出）低于（或超过）最大值（最小值）的像素比例 Min，Max：（输出）最大、最小灰度值 Range：（输出）最大，最小值之间的距离	返回图像（Image）中区域（Regions）内的像素的最大值或最小值
moments_xld(XLD : : : M11, M20, M02)	XLD：（输入）XLD 曲线 M11，M20，M02：（输出）几何矩 M11、M20 和 M02	计算输入曲线（XLD）的几何矩
move_region(Region : RegionMoved : Row, Column :)	Region：（输入）区域 RegionMoved：（输出）位移后的区域 Row，Column：（输入）位移距离	将区域（Region）位移（Row，Column）后输出
mult_image(Image1, Image2 : ImageResult : Mult, Add :)	Image1：（输入）图像 1 Image2：（输入）图像 2 ImageResult：（输出）乘运算后图像 Mult：（输入）乘法系数 Add：（输入）加法系数	按公式：g' := g1×g2 * Mult + Add，计算图像 1 和图像 2 的乘积

（续）

算子	主要参数	功能说明
opening(Region, StructElement : RegionOpening : :)	Region：（输入）区域 StructElement：（输入）结构单元 RegionOpening：（输出）开运算后区域	对区域（Region）用结构单元（StructElement）进行开运算
opening_circle(Region : Region-Opening : Radius :)	Region：（输入）区域 RegionOpening：（输出）开运算后区域 Radius：（输入）圆的半径	以半径为 Radius 的圆为结构单元对区域（Region）做开运算
opening_rectangle1(Region : RegionOpening : Width, Height :)	Width, Height：（输入）矩形的宽和高 （其他参数参考算子 opening_circle）	以矩形（宽、高为 Width, Height）为结构单元对区域（Region）做开运算
optimize_fft_speed(: : Width, Height, Mode :)	Width，Height：（输入）图像的宽和高 Mode：（输入）搜索模式	优化 FFT 的运行时间
optimize_rft_speed(: : Width, Height, Mode :)	（参数参考算子 optimize_fft_speed）	优化 RFT 的运行时间
orientation_region(Regions : : : Phi)	Regions：（输入）区域 Phi：（输出）角度	计算区域（Regions）的角度
orientation_xld(XLD : : : Phi)	XLD：（输入）XLD 曲线 Phi：（输出）角度	计算 XLD 曲线（XLD）的角度
phase_deg(ImageComplex : ImagePhase : :)	ImageComplex：（输入）频谱图像 ImagePhase：（输出）相位图	返回频谱图像（ImageComplex）的相位图
points_foerstner(Image : : SigmaGrad, SigmaInt, SigmaPoints, ThreshInhom, ThreshShape, Smoothing, EliminateDoublets : RowJunctions, ColumnJunctions, CoRRJunctions, CoRCJunctions, CoCCJunctions, RowArea, ColumnArea, CoRRArea, CoRCArea, CoCCArea)	Image：（输入）图像 SigmaGrad：（输入）计算梯度的平滑量 SigmaInt：（输入）计算梯度积分的平滑量 SigmaPoints：（输入）优化函数的平滑量 ThreshInhom：（输入）非均匀区域分割阈值 ThreshShape：（输入）点区域分割阈值 Smoothing：（输入）平滑方法 EliminateDoublets：（输入）是否删除重复点 RowJunctions，ColumnJunctions：（输出）检测到的角点坐标 CoRRJunctions，CoRCJunctions：（输出）检测到的角点的协方差矩阵（行与列） CoCCJunctions：（输出）检测到的角点的协方差矩阵混合部分（行与列） RowArea，ColumnArea：（输出）检测到的面积点的行、列坐标 CoRRArea，CoCCArea：（输出）检测到的面积点的协方差矩阵（行与列） CoRCArea：检测到的面积点的协方差矩阵混合部分（行与列）	从图像（Image）中提取显著点（角点和面积点）
pow_image(Image : PowImage : Exponent :)	Image：（输入）图像 PowImage：（输出）指数图像 Exponent：（输入）指数	返回图像（Image）的指数图像
prepare_variation_model(: : ModelID, AbsThreshold, VarThreshold :)	ModelID：（输入）变化模型 ID 号 AbsThreshold：（输入）图像与变化模型之间差异的绝对差的阈值 VarThreshold：（输入）基于变化模型的差异阈值	变化模型参数设置
prewitt_amp(Image : ImageEdgeAmp : :)	Image：（输入）图像 ImageEdgeAmp：（输出）边缘图像（振幅）	返回图像（Image）的边缘振幅图像
power_real(Image : ImageResult : :)	Image：（输入）图像 ImageResult：（输出）图像功率谱	返回图像（Image）的功率谱
read_class_mlp(: : FileName : MLPHandle)	FileName：（输入）训练好的 MLP 网络文件名 MLPHandle：（输出）MLP 网络句柄	从文件（FileName）中读取训练好的 MLP 网络文件
read_deformable_model(: : FileName : ModelID)	FileName：（输入）可变形模型文件 ModelID：（输出）可变形模型 ID	从文件（FileName）中读取可变形模型文件
read_ocr_class_mlp(: : FileName : OCRHandle)	FileName：（输入）OCR 文件名 OCRHandle：（输出）OCR 句柄	从文件（FileName）中读取训练好的 OCR 识别句柄
read_ocr_trainf_names(: : TrainingFile : CharacterNames, CharacterCount)	TrainingFile：（输入）训练字符集 CharacterNames：（输出）字符 CharacterCount：（输出）字符数量	从文件（TrainingFile）中查询存储有哪些字符，以及每个字符的数量

（续）

算子	主要参数	功能说明
read_ocv(: : FileName : OCVHandle)	FileName:（输入）训练好的 OCV 文件 OCVHandle:（输出）OCV 句柄	从文件（FileName）中读取训练好的 OCV 文件
read_region(: Region : FileName :)	Region:（输出）区域 FileName:（输入）文件名	从文件（FileName）中读取存储的区域
read_shape_model(: : FileName : ModelID)	FileName:（输入）文件名 ModelID:（输出）形状模型	从文件（FileName）中读取存储的形状模型
read_variation_model(: : FileName : ModelID)	FileName:（输入）文件名 ModelID:（输出）变体模型 ID	从文件（FileName）中读取存储的变体模型
rectangularity(Regions : : : Rectangularity)	Regions:（输入）区域 Rectangularity:（输出）矩形度	返回区域（Regions）的矩形度
rectangle1_domain(Image : ImageReduced : Row1, Column1, Row2, Column2 :)	Image:（输入）图像 ImageReduced:（输出）截取后的图像 Row1,Column1:（输入）矩形左上角坐标 Row2,Column2:（输入）矩形右下角坐标	从图像（Image）中按定义好的矩形截取图像
reduce_domain(Image, Region : ImageReduced : :)	Image:（输入）图像 Region:（输入）区域 ImageReduced:（输出）截取后的图像	从图像（Image）中按定义好的区域（Region）截取图像
region_features(Regions : : Features : Value)	Regions:（输入）图像 Features:（输入）特征 Value:（输出）特征值	返回区域（Regions）的特征值
region_to_bin(Region : BinImage : ForegroundGray, BackgroundGray, Width, Height :)	Region:（输入）区域 BinImage:（输出）二进制图像 ForegroundGray:（输入）前景灰度值 BackgroundGray:（输入）背景灰度值 Width, Height:（输入）图像的宽和高	将区域（Region）转换为图像，区域内的所有图像为前景灰度（ForegroundGray），其余部分为背景灰度（BackgroundGray）
region_to_mean(Regions, Image : ImageMean : :)	Regions:（输入）区域 Image:（输入）图像 ImageMean:（输出）变换后的图像	将图像（Image）中区域（Regions）所覆盖的像素的灰度值用区域所有像素的平均值替代
regiongrowing(Image : Regions : Row, Column, Tolerance, MinSize :)	Image:（输入）图像 Regions:（输出）分割后的区域 Row,Column:（输入）被检测像素的最小行距离和列距离 Tolerance:（输入）前景和背景的灰度差 MinSize:（输入）分割区域的最小尺寸	用区域生长对图像（Image）进行分割
regress_contours_xld(Contours : RegressContours : Mode, Iterations :)	Contours:（输入）XLD 曲线 RegressContours:（输出）回归曲线 Mode:（输入）异常值处理方式 Iterations:（输入）异常值处理的迭代次数	返回曲线（XLD）的回归曲线
rft_generic(Image : ImageFFT : Direction, Norm, ResultType, Width :)	（参数参考算子 fft_generic）	返回图像（Image）快速傅里叶变换的实值图像
rgb1_to_gray(RGBImage : GrayImage : :)	RGBImage:（输入）彩色图像 GrayImage:（输出）灰度图像	将输入的彩色图像（RGBImage）转换为灰度图像
roberts(Image : ImageRoberts : FilterType :)	Image:（输入）图像 ImageRoberts:（输出）滤波后的图像 FilterType:（输入）滤波器类型	用 roberts 算子提取图像中的边缘
scale_image(Image : ImageScaled : Mult, Add :)	Image:（输入）图像 ImageScaled:（输出）缩放后的图像 Mult:（输入）乘法系数 Add:（输入）加法系数	按公式： $g' := g1 \times g2 * Mult + Add$，对图像进行缩放
scale_image_max(Image : ImageScaleMax : :)	Image:（输入）图像 ImageScaleMax:（输出）增强后的图像	通过将最大灰度值在 0 到 255 之间扩展对图像（Image）进行增强
segment_contours_xld(Contours : ContoursSplit : Mode, SmoothCont, MaxLineDist1, MaxLineDist2 :)	Contours:（输入）XLD 曲线 ContoursSplit:（输出）分割后的曲线 Mode:（输入）曲线类型 SmoothCont:（输入）用于平滑曲线参数 MaxLineDist1:（输入）曲线与逼近线最大距离（第 1 次迭代） MaxLineDist2:（输入）曲线与逼近线最大距离（第 2 次迭代）	将一个 XLD 轮廓（Contours）分割为直线段、圆（圆弧）或椭圆弧。

（续）

算子	主要参数	功能说明
select_contours_xld(Contours : SelectedContours : Feature, Min1, Max1, Min2, Max2 :)	Contours：（输入）XLD 曲线 SelectedContours：（输出）XLD 曲线 Feature：（输入）特征 Min1，Max1：（输入）特征最大、最小值 1 Min2，Max2：（输入）特征最大、最小值 2	根据几种特征选择 XLD 轮廓
select_obj(Objects : ObjectSele-cted : Index :)	Objects：（输入）目标集合 ObjectSelected：（输出）选择目标 Index：（输入）索引	根据输入的索引值（Index）在目标集合中选择输出
select_region_point(Regions : DestRegions : Row, Column :)	Regions：（输入）区域 DestRegions：（输出）选择区域 Row，Column：（输入）像素点坐标	输出所有包括像素点（Row，Column）的区域
select_shape(Regions : Selected-Regions : Features, Operation, Min, Max :)	Regions：（输入）区域 SelectedRegions：（输出）选择区域 Features：（输入）特征 Operation：（输入）运算符 Min，Max：（输入）最小，最大值	根据输入的特征值范围选择满足条件的区域输出
select_shape_proto(Regions, Pat-tern : SelectedRegions : Feature, Min, Max :)	Regions：（输入）区域 Pattern：（输入）模板 SelectedRegions：（输出）满足条件的区域 Feature：（输入）特征 Min，Max：（输入）特征值最大、最小值	将模板与区域对比，输出符合特征值域范围的区域
select_shape_std(Regions : Sele-ctedRegions : Shape, Percent :)	Regions：（输入）区域 SelectedRegions：（输出）满足条件的区域 Shape：（输入）形状特征 Percent：（输入）相似度	根据输入的形状以及相似程度选择目标区域
select_shape_xld(XLD : Selecte-dXLD : Features, Operation, Min, Max :)	XLD：（输入）XLD 曲线 SelectedXLD：（输出）满足条件的曲线 （其他参数参考算子 select_shape）	根据输入的特征值范围选择满足条件的 XLD 曲线输出
set_bar_code_param(: : BarCod-eHandle, GenParamName, GenPar-amValue :)	BarCodeHandle：（输入）条码模型 GenParamName：（输入）参数名称 GenParamValue：（输入）参数值	设置条码模型的参数
set_calib_data(: : CalibDataID, ItemType, ItemIdx, DataName, Da-taValue :)	CalibDataID：（输入）标定数据模型 ID ItemType：（输入）标定数据项类型 ItemIdx：（输入）受数据项索引 DataName：（输入）参数名称 DataValue：（输入）参数值	设置标定数据模型（CalibDataID）参数
set_calib_data_cam_param(: : CalibDataID, CameraIdx, Camera-Type, CameraParam :)	CalibDataID：（输入）标定数据模板 ID CameraIdx：（输入）相机索引 CameraType：（输入）相机类型 CameraParam：（输入）相机内部参数初始化	在标定数据模型（CalibDataID）中设置相机的类型和初始参数
set_grayval(Image : : Row, Column, Grayval :)	Image：（输入）图像 Row，Column：（输入）坐标 Grayval：（输入）灰度值	对图像（Image）中的像素点（Row，Column）设置灰度值
set_ncc_model_param(: : ModelID, GenParamName, GenParamValue :)	ModelID：（输入）NCC 网络 ID 号 GenParamName：（输入）参数名称 GenParamValue：（输入）参数值	设置 NCC 网络（ModelID）的参数值
set_text_model_param(: : TextModel, GenParamName, GenParamValue :)	TextModel：（输入）文本模型 GenParamName：（输入）参数名称 GenParamValue：（输入）参数值	设置文本模型（TextModel）参数
shape_trans(Region : RegionTra-ns : Type :)	Region：（输入）区域 RegionTrans：（输出）转换后区域 Type：（输入）类型	将区域（Region）转换为类型（Type）形状
skeleton(Region : Skeleton : :)	Region：（输入）区域 Skeleton：（输出）骨架区域	返回区域（Region）的骨架
smallest_rectangle1(Regions : : : Row1, Column1, Row2, Column2)	Regions：（输入）区域 Row1，Column1：（输出）矩形左上角坐标 Row2，Column2：（输出）矩形右下角坐标	返回包含区域的最小平面矩形
smallest_rectangle1_xld(XLD : : : Row1, Column1, Row2, Column2)	XLD：（输入）XLD 曲线 Row1，Column1：（输出）矩形左上角坐标 Row2，Column2：（输出）矩形右下角坐标	返回包含 XLD 曲线的最小平面矩形

（续）

算子	主要参数	功能说明
smallest_rectangle2(Regions : : : Row, Column, Phi, Length1, Length2)	Regions：（输入）区域 Row，Column：（输出）矩阵的中心坐标 Phi：（输出）矩形倾斜角度 Length1，Length2：矩形的长和宽	返回包含区域的最小矩形
smallest_rectangle2_xld(XLD : : : Row, Column, Phi, Length1, Length2)	XLD：（输入）XLD 曲线 （其他参数参考算子 smallest_rectangle2）	返回包含 XLD 曲线的最小矩形
sobel_amp(Image : EdgeAmplitude : FilterType, Size :)	Image：（输入）图像 EdgeAmplitude：（输出）边缘幅度图像 FilterType：（输入）滤波器类型 Size：（输入）滤波器尺寸	用 sobel 算子检测图像（Image）中的边缘，返回边缘幅度图像
sobel_dir(Image : EdgeAmplitude, EdgeDirection : FilterType, Size :)	EdgeDirection：（输出）边缘角度图像 （其他参数参考算子 sobel_amp）	用 sobel 算子检测图像（Image）中的边缘，返回边缘幅度和角度图像
sort_contours_xld(Contours : SortedContours : SortMode, Order, RowOrCol :)	Contours：（输入）XLD 曲线集合 SortedContours：（输出）排序后的 XLD 曲线集合 SortMode：（输入）排序方式 Order：（输入）升序或降序设置 RowOrCol：（输入）行优先或列优先	对输入的 XLD 曲线集合中的曲线进行排序
sort_region(Regions : SortedRegions : SortMode, Order, RowOrCol :)	Regions：（输入）区域集合 SortedRegions：（输出）排序后的区域集合	对输入的区域集合中的区域进行排序
sp_distribution(: : PercentSalt, PercentPepper : Distribution)	PercentSalt：（输入）椒盐噪声比例 PercentPepper：（输入）胡椒噪声比例 Distribution：（输出）噪声分布	生成噪声分布
split_contours_xld(Polygons : Contours : Mode, Weight, Smooth :)	Polygons：（输入）多边形 XLD 曲线 Contours：（输出）轮廓曲线 Mode：（输入）分割方式设置 Weight：（输入）灵敏度权重 Smooth：（输入）平滑掩码宽度	分割输入多边形曲线
sub_image(ImageMinuend, ImageSubtrahend : ImageSub : Mult, Add :)	ImageMinuend：（输入）被减图像 ImageSubtrahend：（输入）减数图像 ImageSub：（输出）结果图像 Mult：（输入）乘数因子 Add：（输入）加法因子	返回两幅图像的差
test_self_intersection_xld(XLD : : CloseXLD : DoesIntersect)	XLD：（输入）XLD 曲线 CloseXLD：（输入）曲线是否应该先闭合 DoesIntersect：（输出）曲线是否自相交	判断输入 XLD 曲线是否为自相交
text_line_orientation(Region, Image : : CharHeight, OrientationFrom, OrientationTo : Orientatio- nAngle)	Region：（输入）文本行区域 Image：（输入）文本图像 CharHeight：（输入）文本字符高度 OrientationFrom：（输入）文本最小旋转角度 OrientationTo：（输入）文本最大旋转角度 OrientationAngle：（输出）文本行旋转角度	计算文本行区域（Region）中文本的旋转角度
threshold(Image : Region : MinGray, MaxGray :)	Image：（输入）图像 Region：（输出）区域 MinGray，MaxGray：（输入）最大灰度值、最小灰度值	对图像（Image）进行二值化，区域灰度值在 MinGray 和 MaxGray 之间
threshold_sub_pix(Image : Border : Threshold :)	Image：（输入）图像 Border：（输出）轮廓 XLD 曲线 Threshold：（输入）阈值	以灰度值 Threshold 为分界点提取图像（Image）的轮廓
tile_images(Images : TiledImage : NumColumns, TileOrder :)	Images：（输入）图像集合 TiledImage：（输出）合成图像 NumColumns：（输入）合成图像列数 TileOrder：（输入）图像顺序	将图像集合（Images）中的所有图像拼接成一幅大图像
tile_images_offset(Images : TiledImage : OffsetRow, OffsetCol, Row1, Col1, Row2, Col2, Width, Height :)	Images：（输入）图像集合 TiledImage：（输出）合成后输出图像 OffsetRow，OffsetCol：（输入）合成图像在输出图像中的左上角坐标 Row1，Col1：（输入）被拼接图像左上角坐标 Row2，Col2：（输入）被拼接图像右下角坐标 Width，Height：（输入）输出图像的宽和高	将图像集合（Images）中的所有图像按指定位置拼接成一幅大图像

（续）

算子	主要参数	功能说明
train_class_mlp(：：MLPHandle, MaxIterations, WeightTolerance, ErrorTolerance：Error, ErrorLog)	MLPHandle：（输入）MLP 网络句柄 MaxIterations：（输入）优化算法最大迭代次数 WeightTolerance：（输入）优化算法的两次迭代之间网络权重差的阈值 ErrorTolerance：（输入）优化算法两次迭代之间平均误差的阈值 Error：（输出）MLP 的平均误差 ErrorLog：（输出）将平均误差作为迭代次数的函数返回值	对 MLP 网络（MLPHandle）进行训练
trainf_ocr_class_mlp(：：OCRHandle, TrainingFile, MaxIterations, WeightTolerance, ErrorTolerance：Error, ErrorLog)	OCRHandle：（输入）OCR 分类器 TrainingFile：（输入）训练文件名 （其他参数参考算子 train_class_mlp）	训练用于 OCR 识别的 MLP 网络
trans_from_rgb(ImageRed, ImageGreen, ImageBlue：ImageResult1, ImageResult2, ImageResult3：ColorSpace：)	ImageRed、ImageGreen、ImageBlue：（输入）红、绿、蓝三个分量图像 ImageResult1，ImageResult2，ImageResult3：（输出）：对应颜色空间的三个分量图像 ColorSpace：（输入）颜色空间	将图像的 R、G、B 三原色转换为颜色空间（ColorSpace）下的三个分量
train_variation_model(Images：：ModelID：)	Images：（输入）训练图集 ModelID：（输入）变体模型 ID 号	在图集（Images）的基础上训练变体模型
union_adjacent_contours_xld(Contours：UnionContours：MaxDistAbs, MaxDistRel, Mode：)	Contours：（输入）XLD 曲线集合 UnionContours：（输出）连接后的 XLD 曲线 MaxDistAbs：（输入）XLD 端点间最大距离 MaxDistRel：（输入）XLD 端点间最大距离相对于较长曲线的比例 Mode：（输入）曲线联结方式	将 XLD 曲线集合（Contours）中的相邻曲线的端点连接起来
union_collinear_contours_xld(Contours：UnionContours：MaxDistAbs, MaxDistRel, MaxShift, MaxAngle, Mode：)	MaxShift：（输入）XLD 曲线距参考回归线的最大距离 MaxAngle：（输入）XLD 曲线距参考回归线的最大角度 （其他参数参考算子 union_adjacent_contours_xld）	将 XLD 曲线集合（Contours）中近似为一条直线的曲线连接起来
union_cocircular_contours_xld(Contours：UnionContours：MaxArcAngleDiff, MaxArcOverlap, MaxTangentAngle, MaxDist, MaxRadiusDiff, MaxCenterDist, MergeSmallContours, Iterations：)	MaxArcAngleDiff：（输入）两个圆弧最大角度差 MaxArcOverlap：（输入）重叠部分占两个圆弧的最大比例 MaxTangentAngle：（输入）连接线与圆弧切线之间的最大角度 MaxDist：（输入）两个圆弧之间的最大间隙长度 MaxRadiusDiff：（输入）两圆弧拟合圆的最大半径差 MaxCenterDist：（输入）两圆弧拟合圆的中心最大距离 MergeSmallContours：（输入）是否合并没有拟合圆的小轮廓 Iterations：（输入）迭代次数	将 XLD 曲线集合（Contours）中近似共圆的曲线连接起来
union1(Region：RegionUnion：：)	Region：（输入）区域集合 RegionUnion：（输出）区域	将区域集合（Region）中的所有区域合并为一个区域输出
union2(Region1, Region2：RegionUnion：：)	Region1：（输入）区域 1 Region2：（输入）区域 2 RegionUnion：（输出）区域	将区域 1 和区域 2 合并为一个区域
union2_closed_contours_xld(Contours1, Contours2：ContoursUnion：：)	Contours1：（输入）XLD 曲线 1 Contours2：（输入）XLD 曲线 2 ContoursUnion：（输出）XLD 曲线	将曲线 1 和曲线 2 合并为一个曲线输出

（续）

算子	主要参数	功能说明
var_threshold(Image : Region : MaskWidth, MaskHeight, StdDev-Scale, AbsThreshold, LightDark :)	Image：（输入）图像 Region：（输出）区域 MaskWidth，MaskHeight：（输入）掩码的宽和高 StdDevScale：（输入）灰度值的标准差因子 AbsThreshold：（输入）与均值的最小灰度差 LightDark：（输入）阈值类型	对图像（Image）进行动态阈值分割
vector_angle_to_rigid(: : Row1, Column1, Angle1, Row2, Column2, Angle2 : HomMat2D)	Row1，Column1：（输入）原始点坐标 Angle1：（输入）原始点角度 Row2，Column2：（输入）变换后点坐标 Angle2：（输入）变换后点角度 HomMat2D：（输出）仿射变换矩阵	根据点的坐标和角度变换，求刚性变换的变换矩阵
watersheds(Image : Basins, Watersheds : :)	Image：（输入）图像 Basins：（输出）盆地图像 Watersheds：（输出）盆地之间的分水岭	应用分水岭算法提取图像（Image）的盆地和分水岭
watersheds_threshold(Image : Basins : Threshold :)	Image：（输入）图像 Basins：（输出）盆地图像 Threshold：（输出）分水岭阈值	应用分水岭算法提取图像（Image）的盆地并返回分水岭阈值
write_class_mlp(: : MLPHandle, FileName :)	MLPHandle：（输入）MLP 网络句柄 FileName：（输出）文件名	将 MLP 网络（MLPHandle）写入文件（FileName）
write_contour_xld_dxf(Contours : : FileName :)	Contours：（输入）XLD 曲线 FileName：（输出）文件名	将 XLD 曲线（Contours）写入文件（FileName）
write_image(Image : : Format, Fill-Color, FileName :)	Image：（输入）图像 Format：（输入）图像格式 FillColor：（输入）不属于图像域（区域）的像素的填充灰度值 FileName：（输入）文件名	将图像（Image）写入文件（FileName）
write_region(Region : : FileName :)	Region：（输入）区域 FileName：（输入）文件名	将区域（Region）写入文件（FileName）

参 考 文 献

[1] 卡斯特恩·斯蒂格. 机器视觉算法与应用[M]. 北京：清华大学出版社，2019.

[2] 冈萨雷斯. 数字图像处理：MATLAB 版[M]. 北京：电子工业出版社，2009.

[3] 章毓晋. 图像处理和分析基础[M]. 北京：高等教育出版社，2002.

[4] 余文勇. 机器视觉自动检测技术[M]. 北京：化学工业出版社，2015.

[5] 刘国华. HALCON 编程及工程应用[M]. 西安：西安电子科技大学出版社，2019.

[6] GONZALEZ R C. 数字图像处理的 MATLAB 实现：第 2 版 [M]. 阮秋琦，译. 北京：清华大学出版社，2013.

[7] 陈兵旗. 机器视觉技术[M]. 北京：化学工业出版社，2018.

[8] 神经网络——最易懂最清晰的一篇文章[EB/OL]. [2019-05-19].https://blog.csdn.net/qq_45067177/article/details/90346951.

物联网技术应用——智能家居（第2版）

书号：ISBN 978-7-111-62423-3
作者：刘修文　　　定价：45.00 元
获奖项目："十三五"职业教育国家规划教材
推荐简言：突出实用，从组网设置到工程案例。详细介绍了智能家居中子系统的设计、安装和调试，包括智能照明控制、智能电器控制、家庭安防报警、家庭环境监控、家庭能耗管控、家庭影院、背景音乐及智能家居工程案例。

嵌入式 Linux 开发技术基础

书号：ISBN 978-7-111-58163-5
作者：张万良　　　定价：39.90 元
获奖项目："十三五"职业教育国家规划教材
推荐简言：本书以嵌入式 Linux 开发技术基础知识为主线，以飞凌公司基于 ARM Cortex A7 芯片的 OKMX6UL C 开发板为平台，介绍了嵌入式系统开发基础知识、嵌入式 Linux 操作系统基础、嵌入式 Linux 使用基础、嵌入式 Linux 下的 C 编程基础、嵌入式 Linux 开发环境搭建、嵌入式 Linux 开发初步、基于 Qt 的嵌入式图形用户界面程序开发和嵌入式数据库编程。

Java 程序设计案例教程

书号：ISBN 978-7-111-60245-3
作者：许敏　　　定价：49.00 元
获奖项目："十三五"职业教育国家规划教材
推荐简言：全书贯彻"理实一体化"的教学理念，以职工工资管理系统为载体，将项目开发分解为若干相对独立的工作任务。工作任务与相关理论知识交互配合，既是对理论知识的延伸与拓展，又是对理论知识掌握程度的检验。

网页设计与制作教程——Web 前端开发（第6版）

书号：ISBN 978-7-111-66646-2
作者：刘瑞新 等　　　定价：69.00 元
获奖项目："十二五"职业教育国家规划教材
全国优秀畅销书奖
推荐简言：依据《Web 前端开发职业技能等级标准》和《Web 前端技术课程教学标准》编写，内容包括 Web 页面制作基础、HTML5 和 CSS3 开发基础与应用、JavaScript 程序设计和现代标准的社区新闻网站制作实例。

人工智能导论

书号：ISBN 978-7-111-67798-7
作者：关景新　　　定价：59.90 元
推荐简言：本书根据人工智能技术服务专业人才培养的需求，以智能机器人为载体，以揭开人工智能的神秘面纱为主线进行编写，设置了 5 个学习情境。本书在思政方面围绕"爱国精神、崇尚科技、思维模式、乐观进取"，将其与人工智能技术进行"术道融合"，结合"做中学、做中悟"的方式来开展立德树人的工作。

人工智能控制技术

书号：ISBN 978-7-111-64798-0
作者：关景新　　　定价：45.00 元
推荐简言：本书针对人工智能技术领域人才培养的需要，从实际应用出发，以人工智能涉及的"会运动、会看懂、会听懂、会思考"四方面为主线进行编写。结合实际案例介绍人工智能控制技术的原理和知识，通俗易懂，由表及里地引导学生掌握人工智能软硬件系统的搭建、设计及相关程序开发，进而建构一个完整的人工智能系统。